当煤和石油烧完了怎么办

总主编　杨光富

顾　问　司有和

编　著　胡　南　胡炳全

重庆大学出版社

图书在版编目(CIP)数据

当煤和石油烧完了怎么办/胡南,胡炳全编著.—重庆:重庆大学出版社,2009.7(2017.4 重印)
(科技改变世界丛书)
ISBN 978-7-5624-4820-4

Ⅰ.当… Ⅱ.①胡…②胡… Ⅲ.能源开发—研究 Ⅳ.TKO1

中国版本图书馆 CIP 数据核字(2009)第 069451 号

当煤和石油烧完了怎么办

总主编 杨光富
顾 问 司有和
编 著 胡 南 胡炳全
责任编辑:周 立 版式设计:周 立
责任校对:邹 忌 责任印制:赵 晟

*

重庆大学出版社出版发行
出版人:易树平
社址:重庆市沙坪坝区大学城西路 21 号
邮编:401331
电话:(023) 88617190 88617185(中小学)
传真:(023) 88617186 88617166
网址:http://www.cqup.com.cn
邮箱:fxk@cqup.com.cn (营销中心)
全国新华书店经销
重庆巍承印务有限公司印刷

*

开本:940mm×1360mm 1/32 印张:7 字数:145 千
2009 年 7 月第 1 版 2017 年 4 月第 6 次印刷
印数:29 701—30 700
ISBN 978-7-5624-4820-4 定价:25.00 元

·序

科学的前世今生

历史沧桑，六千年文明，一脉相承，生生不息；五千年科学，上下求索，弦歌不绝。科学是承载文明的车轮，伴随人类走过千年历史的悠悠岁月。人类文明的历程，就是一部厚厚的科学史。

数千载来，人类创造了巨大的科学成就，这些成就的推广与应用，已成为推动现代生产力发展的最活跃的因素，极大地改变着人类的生产方式和生活质量，深刻地影响着人类社会的未来走向，改变并继续改变着世界的面貌。

建国60年来，尤其是改革开放30年来，从邓小平同志的“科学技术是第一生产力”的著名论断，到“科教兴国”战略，再到“科学发展观”，预示着一个空前规模和意义深远的科教新高潮正在到来。实施“科教兴国”和“科学发展”，要努力加速科技进步，提高国民的素质，特别是青少年。科学技术普及工作是科技工作的重要组成部分，科学知识、科学精神、科学思想和科学方法的普及已不仅仅是科学家的事，而需要全社会的共同参与。

追本溯源，神秘的科学世界是否真的艰深莫测，人类总耐以千寻。对渴望求知的人们来说，书籍便是他们探寻科学奥秘、解读科学知识的一个重要途径，但有些时候，那些晦涩的科学术语令他们望而却步，于是，科学便在大众心中落下一个曲高和寡的印象。

每个人都经历过年少，在那些懵懂的岁月里，我们总对神秘的科学世界抱有崇敬、好奇之心，我们常常会困惑怎么会有这么多（十万个）为什么？会感慨宇宙到底是个怎样的存在？那些神秘的UFO、海底怪物、未知的生物是否真的存在？那时，年少的我们便热切期待从那些既引人入胜又知识丰富的读物，来探究其中的奥秘。因此，编辑出版高质量的科普图书对于提高全民族，尤其是青少年的科技意识和科学素质，是很有必要，也很有意义的。

因合成世界上第一种类固醇口服避孕药而获得国家科学奖章的美国斯坦福大学化学教授卡尔·德杰拉西66岁那年作出决定，要全力投入科普事业。他说："我的作品不仅要拥有那些已经对科学感兴趣的公众，而且还要将那些一听到谈论科学就逃跑的公众也带进科学中来。要做到这些只有一种方法，就是讲故事。"

由此可见，如何让枯燥的科学知识更有趣，让科普图书更耐人品味，讲故事的能力是一个关键。“科技改变世界丛书”力求用图文并茂的形式将故事娓娓道来，从立意、谋篇、开头、结尾等方方面面殚精竭虑，务求更加贴近读者。《低温世界漫游》揭秘的是“没有螺旋桨的潜水艇”“‘水’开了不冒气泡”……；《嫦娥奔月不了情》从“嫦娥奔月”的故事说起；《当煤和石油烧完了怎么办》畅谈节能减排和未来生存之道；《我爱这蓝色的海洋》探寻海洋的缘起……这套丛书力求做到：不局限于对科学知识的阐述，而是注重弘扬科学精神，宣传科学思想和科学方法；通俗易懂，引人入胜，集科学性、可读性、趣味性于一体。让本以为晦涩的知识被抽丝剥茧一样，一层一层在我们面前铺陈开来，简单、直接，却又趣味盎然；让人豁然开朗的科学知识，唤醒人们心中科学春天的萌芽，让科学不再神秘，真理也不再遥远，这是一个真诚而美好的愿景。

“科技改变世界丛书”也为我们搭建了一个很好的平台——解读科学的前世今生，再续文明数千载。在丛书出版之际，写了上面这些话，是为序。

杨光富

2009年7月

当煤和石油烧完了……

法国专家曾在20多年前分析得出，世界上已探明和可推测的煤储量大致可供人类消耗到2200年，石油储量大致可供人类消耗到2020 年，天然气的储量大致可供人类消耗到2040年……

你有没有想象过，突然有一天，你家的天然气灶无法再点燃，你家的灯无法再点亮，无法在厨房做出可口的饭菜，无法在明亮的灯光下看书写字，无法打开你喜欢的电视、电脑，无法使用给我们带来无穷便捷的洗衣机、电冰箱、微波炉……如果有人告诉你这不是偶然的一次停气停电，你会怎么办？当煤和石油用完了的时候，人类将会怎样?

从长远的能源需求来看，由于煤和石油、天然气资源的有限性及燃烧带来严重的环境污染，新能源和可再生能源将是理想的持久能源。太阳能、生物质能、风能、地热能、氢能、新型核能和水能等已引起人们的特别关注，许多国家投入了大量人力、物力和财力进行研究与开发工作，并将其列为高新科技的发展范畴。由不可再生能源逐渐向新能源和可再生能源过渡，是当代能源利用的一个重要特点。

第1篇 走近能源/1

第2篇 太阳能/43

第3篇　生物质能/75

第4篇　风能/97

第5篇　氢能/113

第6篇　核能/131

第7篇　其他新能源/159

第8篇　节能技术与节能技巧 /175

第1篇

走近能源

1 可怕的能源危机

煤、石油、天然气是当今世界经济的三大能源支柱，能源危机的出现是以石油危机作为开端的，“能源”的概念也正是在前两次能源危机之后才被广泛地提及。

第一次石油危机（1973—1974年）

1973年10月16日，震撼世界的石油危机爆发。

1973年10月6日爆发战争当天，叙利亚首先切断了一条输油管，黎巴嫩也关闭了输送石油的南部重要港口西顿。10月7日，伊拉克宣布将伊拉克石油公司所属巴士拉石油公司中美国埃克森和莫比尔两家联合拥有的股份收归国有。

阿拉伯酋长们发现自己有了和西方对抗的有力武器

接着，阿拉伯各产油国在短短几天内连续采取了三个重要步

骤:

10月16日，科威特、伊拉克、沙特阿拉伯、卡塔尔、阿拉伯联合酋长国和伊朗决定，将海湾地区的原油市场价格提高17%。

10月17日，阿尔及利亚等10国参加的阿拉伯石油输出国组织部长级会议宣布，立即减少石油产量，决定以9月份各成员国的产量为基础，每月递减5%。

10月18日，阿拉伯联合酋长国中的阿布扎比酋长国决定完全停止向美国输出石油。接着利比亚、卡塔尔、沙特阿拉伯、阿尔及利亚、科威特、巴林等阿拉伯主要石油生产国也都先后宣布中断向美国出口石油。

阿拉伯国家的石油斗争，突破了美国石油垄断资本对国际石油产销的控制，沉重打击了美国在世界石油领域的霸权地位。

各加油站的“无油”通告

1973年被称为是美国历史上最“黑暗”的一年——灯火通明的摩天大楼到了夜晚一片漆黑，联合国大厦周围和白宫顶上的电灯也限时关掉，许多居民不得不靠拾树枝生火取暖。美国无法提供急需的石油以抢回世界油价控制权，被打得措手不及，以致尼克松不得不承认美国“正在走向第二次世界大战结束以来最严重的能源不足的时期”。他下令降低了他座机的飞行速度，并取消周末旅行的护航飞机。美国人建立在资源无比富饶之上的信心在这次石油危机中被严重摧毁。

石油价格的上涨触发了第二次世界大战之后最严重的全球经济危机。

第二次石油危机（1979—1980年）

1978年底，伊朗爆发革命后伊朗和伊拉克开战，石油日产量锐减，引发第二次石油危机。危机中石油产量从每天580万桶骤降到100万桶以下，全球市场上每天都有560万桶的缺口。油价在1979年开始暴涨，从每桶13美元猛增至1980年的35美元。这种状态持续了半年多，此次危机成为20世纪70年代末西方经济全面衰退的一个主要诱因。危机导致西方主要工业国经济出现衰退，据估计，美国GDP下降了3%左右。西方主要原油消费国纷纷抢购石油进行储备。

第三次石油危机（1990年）

1990年爆发的海湾战争，直接导致了世界经济的第三次危机。来自伊拉克的原油供应中断，油价在三个月内由每桶14美元，急升至42美元。美国经济在1990年第三季度加速陷入衰

原油短缺或价格上涨引起“石油危机”

退，拖累全球GDP增长率在1991年降到2%以下。随后，国际能源机构启动了紧急计划，每天将250万桶的储备原油投放市场，油价一天之内暴跌10多美元，欧佩克（石油输出国组织，即Organization of Petroleum Exporting Countries，OPEC）也迅速增产。因此，这次高油价持续时间并不长，与前两次危机相比，对世界经济的影响要小得多。

真正的能源危机离我们多远？

这几次石油危机给全球经济造成严重冲击。历史上的几次石油价格大幅攀升都是因为欧佩克供给骤减，促使市场陷入供需失调的危机中。

2004年以来，国际油价不断创出新高，一些市场人士认为，第四次石油危机可能来临。石油价格一直是世界经济关注的热点。

目前看来，金融危机又正牵动油价下滑，石油的供需影响着世界经济。

石油危机也让我们认识到能源对人类的重要性。如果之前的能源危机是由于人为的原因造成的话，那么，随着人类经济的进一步发展，人们对能源的依赖越来越强，我们可以想象一下，如果世界上没有了电，没有了石油，我们的生活该如何继续下去？

地球上的能源越来越少。按照我们现在开采能源的速度，地球上存在的煤炭只能供我们开采200年左右，而石油和天然气只能供人们使用50年左右，包括各种能源在内的能源短缺引起的能

源危机离我们已经不远。

为了应付能源危机，世界各国都在极力开发新能源，尤其是可再生能源，以保证人类的能源需要。

2 重“新”利用能源

从人类历史发展的长河来看，人类能源利用经历了两次转变，第一次是对火的主动利用转变为对畜力、风力、水力等自然动力的利用，第二次是从对自然动力的利用转变为对以化石燃料为主的利用。

人类能源利用的转变

人类每一次能源利用方式的变化都标志着人类整体的进步。人类利用能源的主动转换过程中也产生了许多意想不到的结果：电的发现、汽车的发明、空间交通及宇宙交通的实现，所有这些能源转化后的附属产品都不是人们在能源升级转化时就能预见到的，而是随着人们对于特定能源利用认识的深化而逐步出现的。

人类能源利用的历史还表明，能源形式是支撑人类进步最坚实的基础。如果没有对火的利用，人类今天可能仍然处于蛮荒时代；如果没有农业和畜牧业的这种太阳能利用方式的出现，人类今天可能仍然在森林间游荡；如果没有对煤的利用，火车仍然是科学家的幻想，马车仍是主要的交通工具。所有后续的工业革命包括电力革命都将成为不可能；如果没有石油的出现，像汽车、飞机等多形式的交通形式也仅仅是个梦想。改变能源利用方式和提高利用强度，是人类能够进步的原动力之一。

今天，严峻的能源危机让我们不得不面临着一个现实的问题：我们明天还有可以利用的能源吗？化石燃料的不可再生性和其带来的严重环境污染，使它成为人类手中的双刃剑——既带来了文明和进步，也带来了世界性的污染和气候灾难！

从人类利用能源与人类进步的历程看出：人类能源的利用必须放到与人类进步一致的位置上，而不是盲目无度的滥用。所以人类进步要求我们以更先进的技术重新开辟新的能源利用途径。那么如何开辟新的能源利用途径，如何利用“新”的能源呢？ 让我们从能源的本质——能量说起。

3 从能量说起

什么是能量？

能量是指人们完成工作所需要的能力，是做功本领大小的量度。

张开的弓蕴藏着能量

任何物体（物质）运动都蕴藏着能量（即动能），使静止的物体运动起来需要注入能量。

风筝拖走小孩，风筝的能量从哪里来呢？

摩托车会前进，摩托车的能量从哪里来？

每个人都需要能量（吃饭）来维持生存和工作，我们每时每刻都在和能量打交道。不管是为了煮食物、取暖、照明、运动、开车和用电脑、砍伐木头，或是制造工业用的产品、材料和仪器……甚至是一大早起床，这些运作全都需要能量，能量从哪里来？能量怎么存在？可以缺少能量吗？能量危险吗？每个人有足够的能量吗？

能量无处不在

能量就在我们身边，看得到的都是能量。没有能量，就没有风、没有河川、没有生命。正是各种形式的能量，让我们的自然界丰富多彩，富有生机。

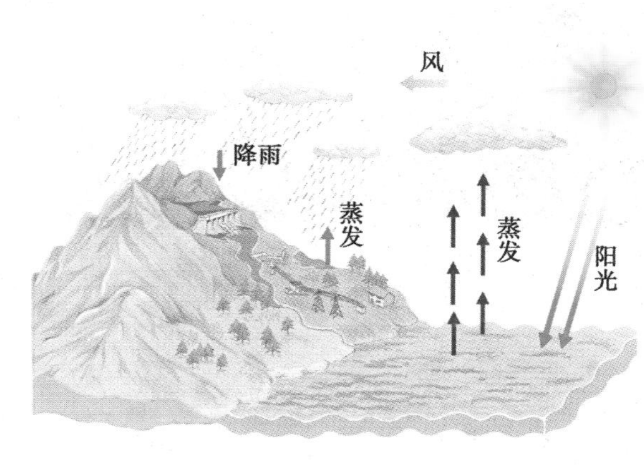

能量是促成自然现象变化的根源

能量的形式

能量在自然界中以多种不同的形式存在。最常见的能量形式有动能、势能、热能、光能、电能、声能、核能等。

运动着的物体具有动能，射出的箭、运动的球、流动的水和空气都能对别的物体做功，它们具有动能。被举高的物体能对别的物体做功，说明被举高的物体具有能量。物体由于被举高而具有的能量叫做重力势能。物体由于发生形变而具有的能量叫做弹性势能。总之，与系统相对位置有关的能量都可以叫做势能。

子弹穿透彩笔做功，子弹具有动能

热能又称热量。人每天的活动、体育运动、上课学习和从事的其他一切活动，以及人体维持正常体温、各种生理活动都要

消耗能量，就像蒸汽机需要烧煤、内燃机需要用汽油、电动机需要用电一样，人体的热能来源于每天所吃的食物。除了生命体需要热，热能还可以使物体温度升高，可以烘干物体，可以使食物变熟，可以让物质燃烧等。热量的单位是卡（Cal），科学家证明：

1 Cal（卡）=4.18 J（焦耳），这叫热功当量。

电能指电以各种形式做功的能力。有直流电能、交流电能、高频电能等，电能因其传输方便，转换设备制造简单，得到了极大的普及和应用。

光可以照亮黑暗，可以让我们感觉到温暖，可以使物质变热。不同的光携带着不同的能量，称为光能。

声音是一种机械波，是传播声音的介质振动的结果，所以声波所携载的能量称为声能， B超、金属探伤等都是对声能的应用。

核能是原子核裂变或聚变产生的巨大能量，随着核能技术的不断发展，核能尤其是核聚变能将成为未来新能源之一。

此外还有生物能、肌肉能、内能、化学能等等。那么，这么多形式的能量，又是如何在自然界中发挥作用的呢?

4 能量法则给我们的启迪

各项工作的完成离不开能量的转变

人吃食物后可以做抬、扛、搬、推等动作，食物的化学能部分转换成人体的肌肉能，而被抬、扛起的物体具有了势能，推动的物体具有了动能……

人的肌肉能转换成球的动能

煤燃烧后放出热量，可以用来取暖，储存在煤里面的生物质能转换为热能；燃烧后的蒸汽，可以推动蒸汽机转换为机械能；推动汽轮发电机转变为电能，电能又可以通过电动机、电灯或其他用电器转换为机械能、光能或热能……

太阳能灶：太阳能转换成热能

太阳能可以通过聚热气加热水，可以产生蒸汽用以发电，也可以通过太阳能电池直接将太阳能转换为电能……

能量可以从一种形式转换成另一种形式或是从一个物体转移到另一个物体，在这样的转换或转移过程中，各项工作得以完成，任何事件得以发生。

能量守恒定律

“自然界的一切物质都具有能量，能量既不能创造也不能消灭，而只能从一种形式转换成另一种形式，从一个物体传递到另一个物体，在能量转换和传递过程中能量的总量恒定不变”，这是物理学中的能量守恒定律。能量守恒定律是在5个国家、由各种不同职业的10余位科学家从不同侧面各自独立发现的，其中迈尔、焦耳、亥姆霍兹是主要贡献者。

充分高效地利用各种形式的能量

能量守恒，听起来是多么美妙的事情，那么自然界到底有多

少能量呢？爱因斯坦的质能方程告诉我们$E=mc^2$，E表示能量，m代表质量，而c则表示光速，这样看来如果知道自然界有多少物质（质量）就知道有多少能量，但这个问题很难回答。在广袤的宇宙空间到处都是物质，到处都是能量，而地球只是其中很小的一部分。那能量守恒是否就毫无用处？其实不然，当对一个特定的系统进行研究时，能量守恒适用。例如高处落下的物体，该过程中物体重力势能减少量等于物体动能增加量；绝热水杯里面的水，搅拌消耗的机械能等于水增加的内能，表现为水温升高等。再如冰箱等制冷设备的能量关系。（如下图）

制冷设备，如冰箱、空调制冷过程能量转换简图

压缩机工作消耗的能量W和从冰箱里吸收的热能Q_2最后合起来在冰箱外释放掉了Q_1。

$$Q_1=Q_2+W$$

自然界中大多数的能量变化比较复杂，单一的变化较少。例如，人吃食物，食物的化学能只能部分转换成人体的肌肉能去抬、扛、搬、推，其余的部分能量维持生命必需，还有的以热量的形式散发在空气中，还有的在身体内部发生再一次的能量转换；煤燃烧后放出的热量，只有部分被吸收用于加

热物质或被物质吸收，燃烧后的蒸汽推动蒸汽机也只能部分将热能转换为机械能；就拿我们说的自由落体来说，在现实环境中重力势能也不能全部转换成物体的动能，因为物体与空气摩擦产生的热量会有很小的部分散失在空气中，或是使物体自身温度升高内能增加。总而言之，具体的能量转换是一个非常复杂的过程。

为了更加充分地实现有目的的能量转换，人类必须提高各项技术，为了所需要的能量形式采用先进的技术提高能量转换率，或者选择多样化的待转换能量来提高各种能量的利用率。比如，节能灯的技术可以提高电能转换成光能的转换率，变频技术可以提高家电器对电能的利用率，风能发电、太阳能发电、生物质发电等等实现了多形式能量转换成电能。

5　地球能量主要来源于太阳

刚才说到了能量守恒，说到了能量利用，那么归根结底，能量从何而来?这似乎该追溯到世界的起源才有答案。这里，我们只得出这样的结论：地球能量主要来自太阳。

太阳不停地以光和热的形式向空间倾泻出能量。数十亿计的氢原子核在太阳的核心碰撞并且聚变生成氦(典型的核聚变)，在此过程中一部分原本储存于原子核中的能量被释放出来。太阳所产生的光和热需要每秒将六亿吨氢转化为氦，这样的转化在

太阳中已经持续了几十亿年。核能在太阳的核心被释放为高能的伽马射线。这是一种电磁射线，就像光波和无线电波一样，只是波长要短得多。这种伽马射线被太阳内的原子所吸收，然后重新释放为波长稍长一些的光波，这新的射线再次被吸收，而后释放。在能量由太阳内部一层层渗透出来的过程中，它经过了光谱中X射线部分，最后变成了光。在此阶段，能量到达我们所称的太阳表层，并且离散到空间而不再被太阳原子所吸收。只有很小一部分太阳的光和热由此方向释放出来，并且未被阻挡，穿越星空，来到我们地球。

从上面的叙述我们知道，地球的能量来源是太阳，即地球的能源就是太阳。那么，地球上的太阳能或直接或间接生成的储

地球能量的主要来源是太阳

能物质有哪些呢？我们如何利用它们呢？接下来我们要具体去了解。关于地球上能源的话题才刚刚打开，首先来真正认识一下“能源”吧！

6 什么是“能源”

究竟什么是“能源”呢？关于能源的定义，目前约有20多种。可以这么说，载有能量的物质即为能源。 广义上，任何物质都可以转化为能量，那么任何物质包括人类本身、动物、植物、太阳、风、水、火都是能源。

在人类的发展史中，因为需要更多的能源，所以开始了奴隶制度，很多人被抓，变卖当奴隶，去建设大型工程和执行更辛苦的工作。奴隶在当时就是一种能源。

随着科学技术的进步，人类对物质性质的认识及掌握能量转化的技术不断深化，能量转化的数量、转化的难易程度在各个时期有所不同，所以，各个不同时期的能源含义有所不同。

通常把这个时期比较集中并较容易转化的含有能量的物质称为能源。古时候的人类，利用燃烧薪材得到火，利用水力、风力、牲口、人力工作，它们成为主要的能源；随着蒸汽机、发电机的发明，煤、石油、天然气成为主要能源；到21世纪的今天，开发利用新能源将翻开能源史崭新的一页。

这样看来，任何物体都有能量，但它不一定是能源。那么，

目前的能源家族有哪些成员呢？

奴隶、水、畜力、风都是广义上的能源

7 能源家族

能源家族十分庞大，并且根据不同方式有不同的分类。按能源的基本形态分类，有一次能源和二次能源；根据能源使用的类型又可分为常规能源和新型能源；根据能源消耗后是否造成环境污染可分为污染型能源和清洁型能源；还可分为商品能

源和非商品能源；再生能源和不可再生能源。

化石燃料

化石燃料又称矿物燃料，包括固体、液体和气体燃料。它们分别是古代植物和低等动物的遗体因地壳变迁埋在地下，在缺氧条件下，经高温高压作用，经漫长的地质年代演变而成。地下蕴藏的化石燃料主要包括煤、石油、天然气、焦油砂和页岩油。

化石燃料既可通过燃烧提供热量，又可作为极其宝贵的化工原料加工提炼出诸如化学纤维、塑料、尼龙、橡胶、化肥等化工产品。

水　能

水能也称水力，是天然水流能量的总称，通常专指陆地上江河湖泊中的水流能量。水能属于再生能源，价廉、清洁，可用于发电或直接驱动机械做功，是可再生能源中利用历史最长、技术最成熟、应用最经济也最广泛的能源。

核　能

核能指重核的裂变能和轻核的聚变能。根据爱因斯坦的质能关系得出，如果一个物体或物体系统的能量有ΔE的变化，则无论能量的形式如何，其质量必有相应地改变Δm，它们之间的关系是：$\Delta E=(\Delta m)C^2$，反之，该系统有质量的改变就有能量的改变。关于核能本书后面有详细的介绍。

水力发电站

电　能

电能是通过其他能源转化而成的二次能源。目前主要发电形式为火力发电、水力发电和核能发电。

由于电能来源广泛，又可方便地转换为机械能、热能、光能、磁能和化学能等其他能量形式以满足社会生产和生活的种种需要，还可方便、经济、高效地大规模远距离传输和分配，且在生产、传送、使

用过程中易于调控，在使用过程中没有污染，电能已成为人类社会迄今应用最广泛、最方便、最清洁的能源。

太阳能

太阳能是指太阳内部高温核聚变所释放的辐射能。太阳能是一种清洁的，可持久供应的自然能源，资源量非常巨大。仅被大气层吸收和地球表面截获的太阳能是目前全世界能源消费总量的20 000倍。

太阳能可转换为热能、机械能、电能、化学能等加以利用。由于太阳能聚集性差，且有日夜更替和季节气候的影响，太阳能的开发和利用还处于起步阶段，我们正期待通过各类新技术的运用把太阳能列人类广泛利用的常规能源。

生物质能

生物质能来源于生物质，生物质指一切有生命的可以生长的有机物质，包括动物、植物和微生物。动物要以植物为生，而植物则通过光合作用将太阳能转化为化学能而储存在生物质内。因此，从根本上说，一切生物质能都来源于太阳能 。

生物质能源可以就地开发和利用，是可再生的廉价能源。其优点是使用方便，含硫量低、灰分少、易燃烧，并可进行多种转化，但缺点是容重小、体积大，储运不便，传统的直接燃烧利用方式热效率极低。生物质能也被作为有待开发的新能源之一。

风 能

风能是由于太阳辐射造成地球各部分受热不均匀，引起大气层中的压力不平衡而使空气运动形成风所携带的能量，它是太阳能的一种转化形式。风能是一种可再生的清洁能源，储量大、分布广，但能量密度低，并且不稳定，是一种间歇性的自然能。只有当地面20～30米高度以上，平均风速达到5 米/秒时，风能才值得较大规模地利用。风能主要用于发电、提水、制热和航运。

荷兰有大量的风力资源，风车成为荷兰的一道风景

海洋能

蕴藏在海洋中的可再生能源，包括潮汐能、波浪能、潮流能（海流能）、海洋温差能和海水盐度差能等。潮汐能和潮流能主要来源于月球的引力，其他都是直接或间接来源于太阳的辐射能。

地热能

地热能是储存于地球内部的岩石和流体中的热能。地热能包括天然蒸汽、热水、热卤水等，以及由上述产物带出的与流体相伴的副产品。

地热能属于不可再生的一次能源，地热资源极为丰富。地热可以用来发电外，还可用于供暖、农田灌溉等。地热能已成为新能源开发的一个重要领域。

8　什么是一次能源和二次能源

对能源形态和可再生性的认识是科学开发利用新能源的前提。

一次能源

一次能源指从自然界取得的未经任何改变或转换的能源，如原煤、原油、天然气、生物质能、水能、核燃料，以及太阳能、地热能、潮汐能等。

一次能源根据其能否循环使用和不断得到补充分为：

第一类　可再生能源，是指在自然界生态循环中能不断再生，并有规律地得到补充，不致因不断开发而枯竭的一次能源。它包括水能、太阳能、潮汐能、生物质能、地热能等。

第二类 不可再生能源，是指自然界经亿万年形成而储存下来的，因数量有限，将随着人类不断开采而枯竭，短期内又无法再生的一次能源。包括原煤、原油、天然气等化石燃料和核燃料。不可再生能源由于它不可能在短期内循环再生，应注意合理开发，高效利用。

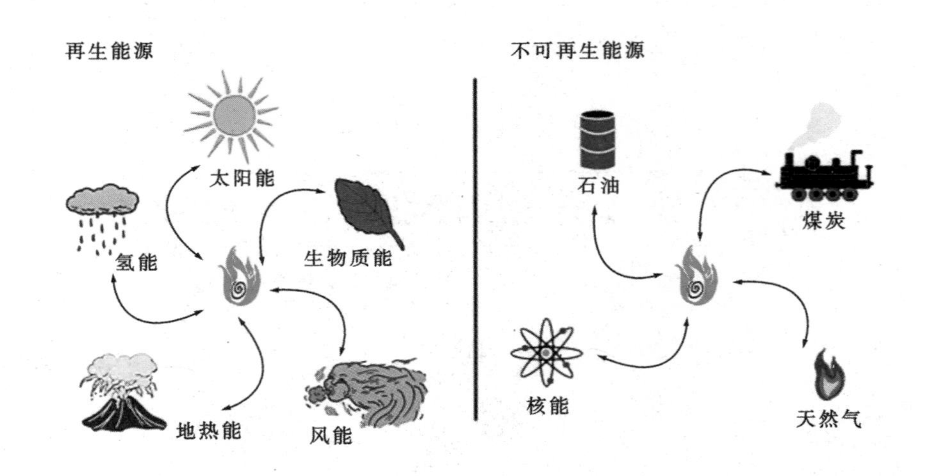

二次能源

在人类社会生产和生活中，因工艺或环境保护的需要，或为方便输送、使用和提高劳动生产率等原因，常有必要对一次能源进行加工或转换使之成为二次能源。

二次能源也称“次级能源”或“人工能源”，二次能源包括煤气、焦炭、汽油、煤油、柴油、重油、电力、蒸汽、热水、氢能等。一次能源无论经过几次转换所得到的另一种能源，都

被称作二次能源。

二次能源的转换形式很多，如煤可转换成焦炭、煤气、电力、蒸汽、热水；原油经过精馏分离可得到汽油、煤油、柴油、重油等。在一次能源转换成二次能源的过程中，总会有转换损失，如用煤发电时，煤的一部分能量残存在未燃尽的煤粒中，一部分以热的形式从烟囱中损失掉，或通过锅炉及蒸气管道的辐射而散发掉。提高二次能源的转化率也是新能源技术的一部分。

二次能源的利用程度取决于一个国家的经济、科学技术、国防和人民生活水平等因素。由于二次能源一般比一次能源有更高的终端利用效率，也更清洁和便于输送、使用，随着科学技术的进一步发展和社会生活的日益现代化，二次能源使用量占整个能源消费总量的比重必将与日俱增。

9　科学技术推动能源利用

“科技是第一生产力”，科学技术的发展在人类能源利用过程中也起到了关键的作用。

纵观人类从主要利用一次能源到主要利用二次能源的历史，有三个重大技术突破至关重要：一是蒸汽机的发明和普及；二是电力的普及应用；三是核能的开发利用。

人类最初的主动能源利用是火，所以，几十万年来，木材

是人类使用能源中最重要的部分；第二次的主动能源利用，是以对畜力、风力、水力等自然动力的利用为形式进行的，而风车、水车、帆是技术在能源利用中的初次运用；第三次大规模的能源利用是以化石燃料的开发和利用为主，并以机械能、电能、磁能等多种能源输出形式所进行的，而蒸汽机、发电机等的发明使这样的能量形式转换得以实现。

蒸汽机

在16世纪的英国，由于制皂业、玻璃制造业和冶金工业的发展，使得木柴的价格在公元1500年到公元1640年间就上涨了8倍，而一般物价只上涨了3倍。造船业在16和17世纪对木柴有较大的优先购用权，因此那些高热工业在这个时期就尽量改用煤为燃料，以降低其综合成本，并在18世纪完成了这种转变。这种由用木柴改为用煤作为燃料的后果，大大刺激了煤矿的开采。因此煤矿大为增加，用煤量的增加，刺激了围绕煤所进行的技术创新和利用设备的发明，蒸汽机就是在这样的背景下产生的。

瓦特（1736—1819年），生于英国造船中心格拉斯哥附近的格林诺克小镇。他的父亲当过造船工人，祖父叔父都是机械工人，由于家庭的影响，瓦特从小就熟悉了许多机械原理和制作技术。

有一次，家里人全部出去了，只留下瓦特一人看门。他呆呆地看着炉子上烧水的茶壶，水快烧开了，壶盖被蒸汽顶起，一上一下地掀动着……他想：这蒸汽的力量好大啊！如果能制造一个

更大的炉子，再用大锅炉烧开水，那产生的水蒸汽肯定会比这个大几十倍、几百倍。用它来做各种机械的动力，不是可以代替许多人力吗？这就是后来人们传说中的“瓦特发明蒸汽机”的故事。

其实利用蒸汽做动力早在公元前200多年就有了。古希腊的科学家阿基米德就曾经设想利用水蒸汽做功，制造出蒸汽动力大炮。不过，蒸汽机在经瓦特改良后才真正被广泛使用到纺纱和船舶动力等实际应用中。蒸汽机的广泛使用也使煤的能源特性更加体现出来。

瓦特和他的蒸汽机

发电机

电是很早被研究的现象，但是找到一种持续的产电装置一直是科学家研究的方向。公元1831年，意大利科学家法拉第将一个封闭电路中的导线通过磁场（如图a），并在磁场中运动（旋转），在这段导线中就会有电流产生。根据这个原理，第一台

发电机就这样诞生了。其实，早在1825年科学家科拉顿就做了相同的实验：把一块磁铁插入绕成圆筒状的线圈中，为了防止磁铁对检测电流的电流表的影响，他用了很长的导线把电表接到隔壁的房间里。他没有助手，只好把磁铁插到线圈中以后，再跑到隔壁房间去看电流表指针是否偏转。但是，他犯了一个实在令人遗憾的错误，这就是电表指针的偏转，只发生在磁铁插入线圈这一瞬间，一旦磁铁插进线圈后不动，电表指针又回到原来的位置。所以，等他插好磁铁再赶紧跑到隔壁房间里去看电表，无论怎样快也看不到电表指针的偏转现象。这样使他失去一个好机会，6年后法拉第完成了他的实验。

之后，科学家们努力寻找推动导线旋转的动力，以便持久且大量地发电来造福人类。目前，利用燃烧生成蒸汽转换为动力的火力发电成为较经济的方式之一。

蒸汽机、发电机等设备的发明从根本上推动了对煤等燃料的成规模利用，同时也预示着石油这一新能源将大规模地走向人类活动舞台的必然性。

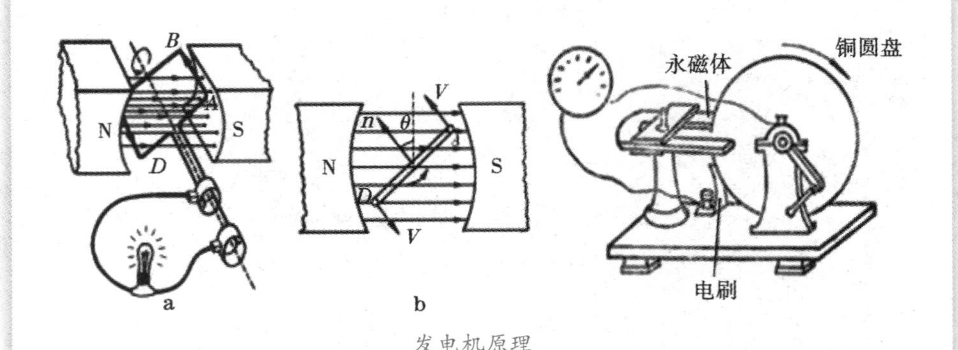

发电机原理

1859年美国宾夕法尼亚州的第一口油井——德雷克油井获得了商业性成功，标志着现代石油工业的开始，从此以后美国便成为重要的石油生产国。

核　能

从1887年贝克莱发现放射性，到物质构成的讨论，到1919年，卢瑟福等人的“炮轰”实验，无数的科学家为核能的开发和利用作出了卓越的贡献。现在核能主要用于发电、军事、科研等领域。由于核能利用的成本较高，所以还没有普遍被利用，但随着能源危机的出现，有效开发利用核能对解决人类面临的一些重大问题，如能源、环境、资源、人口和粮食等冲突具有极为重要的作用，而且对于传统行业的改造和促进新技术革命的到来将产生深远影响。关于核能技术，在后面的篇章中我们将详细介绍。

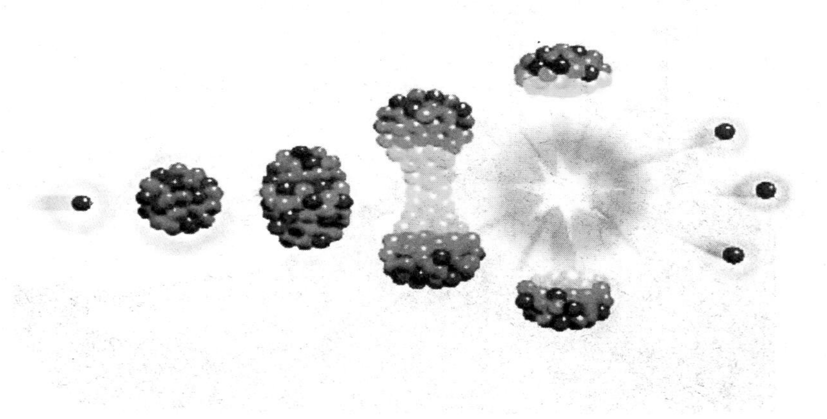

核裂变过程

10 当今世界经济的三大能源支柱

煤

煤炭是埋在地壳中亿万年以上的树木和植物，由于地壳变动的原因，经受一定的压力和温度作用而形成的含碳量很高的可燃物质（如下图），又称作原煤。由于各种煤的形成年代不同，碳化程度深浅不同，可将其分类为无烟煤、烟煤、褐煤、泥煤等几种类型。烟煤又可以分为贫煤、瘦煤、焦煤、肥煤、漆煤、弱黏煤、不黏煤、长焰煤等。

煤炭既是重要的燃料，也是珍贵的化工原料。20世纪以来，

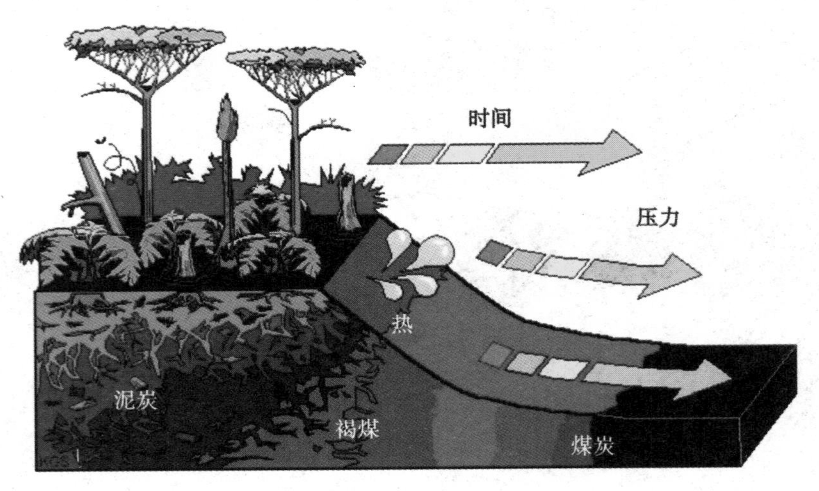

煤炭的形成过程

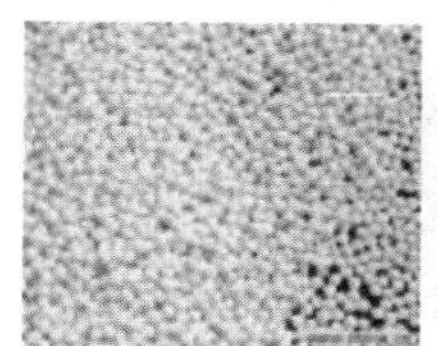

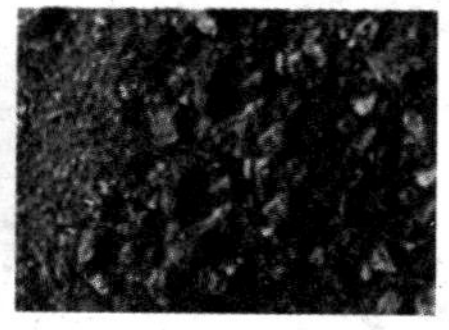

各类煤炭

煤炭主要用于电力生产和在钢铁工业中炼焦，在某些国家蒸汽机车用煤比例也很大。另外，由煤转化的液体和气体合成燃料，对补充石油和天然气的使用也具有重要的意义。

石油

石油是一种用途广泛的宝贵矿藏，是天然的能源物资。但是石油是如何形成的，这个问题科学家一直在争议。目前大部分的科学家都认同的一个理论是：石油是由沉积岩中的有机物质变成的。因为在已经发现的油田中，99%以上都是分布在沉积岩区（如下图）。另外，人们还发现了现代的海底、湖底的近代沉积物中的有机物，正在向石油慢慢地变化。

同煤相比石油有很多优点：它释放的热量比煤大得多，每千克石油燃烧释放的热量约是煤的两三倍，且石油使用方便，它易燃又不留灰烬，是理想的燃料。

目前世界有七大储油区。第一大储油区是中东地区，第二是拉丁美洲地区，第三是前苏联，第四是非洲，第五是北美洲，第六是西欧，第七是东南亚。这七大油区占世界石油总量的95%。

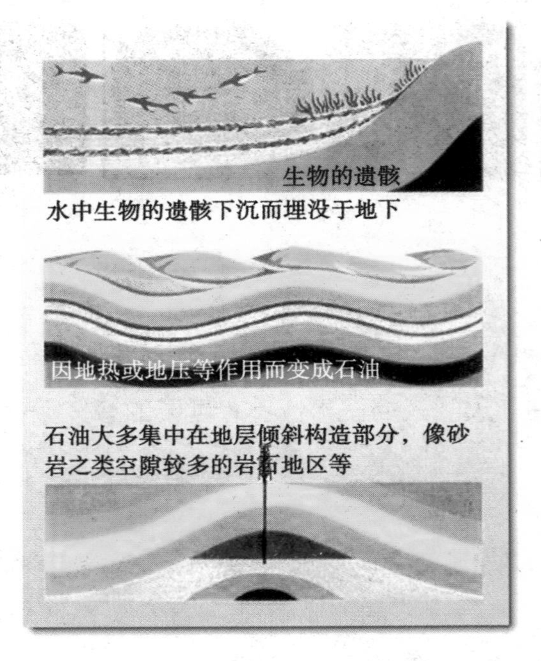

石油的形成

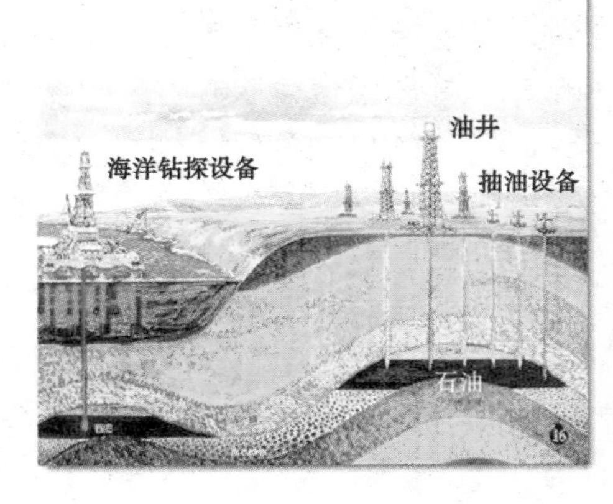

油田地区的地质构造

天然气

天然气是地下岩层中以碳氢化合物为主要成分的气体混合物的总称。天然气是一种重要的能源，燃烧时有很高的发热值，对环境的污染也较小，而且还是一种重要的化工原料。天然气的生成过程同石油类似，但比石油更容易生成。天然气主要由甲烷、乙烷、丙烷和丁烷等烃类组成，其中甲烷占80%～90%。

最近十年液化天然气技术有了很大的发展，液化后的天然气体积仅为原来体积的1/600。因此可以用冷藏油轮运输，运到使用地后再予以气化。另外，天然气液化后，可为汽车提供方便的污染小的天然气燃料。

三大能源支柱的现状与未来

到目前为止，石油、天然气和煤炭等化石能源系统仍然是世界经济的三大能源支柱。毫无疑问，这些化石能源在社会进步、物质财富生产方面已为人类做出了不可磨灭的贡献；然而，实践证明，这些能源资源同时存在着一些难以克服的缺陷，并且日益威胁着人类社会的安全和发展。

首先是资源的有限性。专家们的研究和分析，几乎得出一致的结论：这些不可再生能源资源的耗尽只是时间问题，是不可避免的。如表1是法国专家20多年前作出的分析。其次是对环境的危害性。化石能源特别是煤炭被称为肮脏的能源，从开采、运输到最终的使用都会带来严重的污染。大量研究证明，80%以上的大气污染和95%的温室气体都是由于燃烧化石燃料引起的，

同时还会对水体和土壤带来一系列污染。这些污染及其对人体健康的影响是极其严重的，不可小视。表2给出了全球生态环境恶化的一些具体表现，令人触目惊心。

人类对化石能源的依赖性越强，人类面临的能源危机就越大，当能源危机发生的时候，人类将会怎样？人类又将如何重新寻求新的、可持续使用而又不危害环境的能源？

表1 世界不可再生能源开采年限估计

能源情况种类	已探明的储量（PR）和推测出的潜在储量（AP）	消耗期（公历年）
煤	900（PR） 2700（AR）	2200年左右
石 油	100 36	2020年以前
天然气	74 60	2040年左右
铀	按热反应堆计 60（PR+AR）	2073年
	按增值反应堆计 1300（PR） 600（AR）	2110–2120年
所有不可再生能源	1100（PR） 300（AR）	2200年左右

表2　全球生态环境恶化具体表现

项　目	恶化表现	项　目	恶化表现
土地沙漠化	10公顷/分钟	二氧化碳排放	1 500万吨/天
森林减少	21公顷/分钟	垃圾产生	2 700万吨/天
草地减少	25公顷/分钟	因环境污染的死亡人数	10万人/天
耕地减少	40公顷/分钟	各种废水、污水排放	60 000亿吨/年
物种灭绝	2个/小时	各种自然灾害损失	1 200亿美元/年
土壤流失	300万吨/小时		

11　中国能源现状

2005年，我国经济继续保持9.9%的高增长速度，但与此同时，能源紧张的呼声再次响起。“供三停一”（供电三天停一天)、“拉闸限电”、“错峰用电”这些词汇成了老百姓的日常用语。

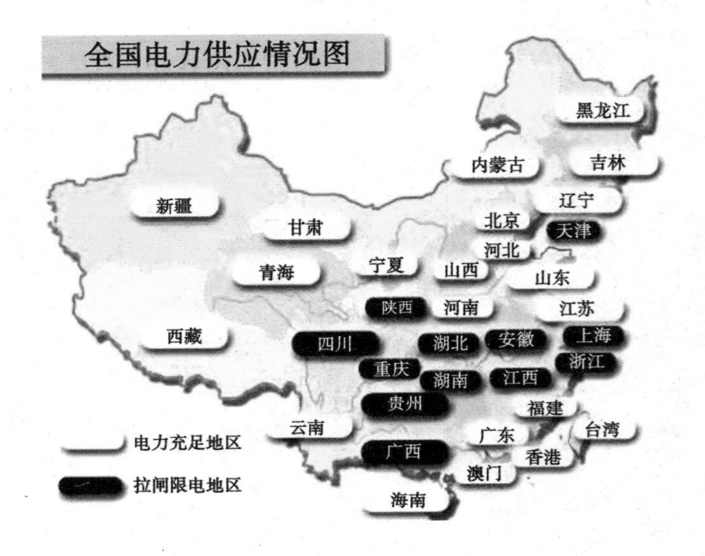

2008年1月份，由于全国电煤供应不足，电力缺口巨大，13个省级电网出现不同程度的拉闸限电。

从能源总量来看，我国是世界第二大能源生产国和第二能源消费国，能源消费主要靠国内供应，能源自给率为94%。但中国人口多，人均能源资源短缺（尤其是油、气、水），其他资源有限，西部生态脆弱，这个问题尤为严重，它将极大地制约我国的可持续发展以及为中华民族子孙万代生生息息留有生存空间。

在能源结构方面我国存在着几个很难快速改变的现实：

第一，煤现在是且将来（直到2050年或更晚）仍是我国能源的主力，虽然煤在总能源中所占的比例会逐渐下降，但总量仍

会不断增加，且煤用于发电的比例会越来越大（如下图）。

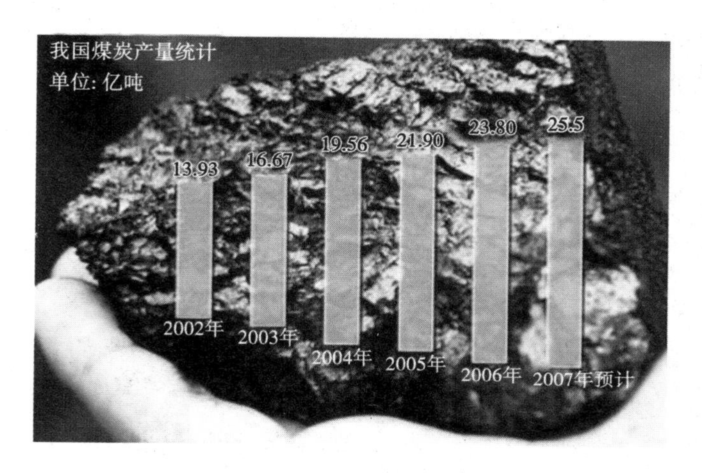

2007年中国煤炭产量统计以及煤电工业增长统计

第二，煤的开采和直接燃烧已引起严重的生态和环境污染问题，70%～80%以上的SO_2、NO_x、汞、颗粒物、CO_2等都是由于煤炭直接燃烧所引起的。

第三，由于我国石油短缺，车用液体燃料还是得从煤基替代燃料上找出路。我国2005年进口原油及其成品油约1.3亿吨，估计2010年将进口石油2.5亿吨，对外依存度将超过50%，这会引起一系列的能源安全问题。

第四，在煤的直接燃烧条件下很难解决温室气体的减排，因为从电厂的大容积流量的烟气中收集浓度在13%～14%的CO_2将耗费很多附加的能量，使发电效率降低10个百分点左右。目前我国温室气体排放已居世界第2位，近年来还在不断地快速增长。如此下去，10年或略长一些的时间内将超过美国，居世界

第一。

第五，可再生能源（主要是风能、太阳能和生物质能）在2020年以前很难在总能源平衡中占有一定份量的比例。我国却处于总能耗急剧增长之中，单是发电设备（其中主要是燃煤的发电），每年增长的装机容量超过三个长江三峡发电站。在这个高速增长量中，可再生能源所能起的作用是很有限的，更不用说去替代原有的化石能源消耗。

面对中国的能源困境，政府也采取了一些能源策略。改革开放以来，在党中央、国务院“能源开发与节约并举，把节约放在首位”的方针指引下从节能减排到新技术新能源的开发利用，各部门各地区取得一定的成效。

目前，我国能源利用效率与国外的差距表明，节能潜力还很巨大。在美国和日本，5年内收回投资的节能项目就是好项目。节能产品使用期长，回报长期而稳定，本身没有风险。假设低效率使用的能源及污染损失合计价值为3万亿人民币，投入节能项目，每年回报按1.5万亿计，两年即可收回成本；20年内回报达13.5万亿！这还只是经济回报，至于生态环境回报，更是无法用金钱来衡量的。

在新能源利用上，虽然都在谈论可再生能源的重点发展，但从各种能源（煤、水、油、气、核）的配合，可再生能源应该有的地位并不清楚，没有一个和其他能源取长补短、相互配合、发挥各自优势的规划，而是各干各的。一个国家的能源系统是一个整体，是一个各种不同能源的转换，各种不同能源的输送，以各种不同形式（交流电、直流电、高温热、低温热、

机械能等）服务于不同的终端用户的庞大复杂系统。若把可再生能源当做一种有份额的一次能源“插入”到整个能源系统中，必须对整个能源系统作相应的调整，使之物尽其用，发挥各自的长处。这是需要我们深入研究的，不然的话，费了很大人力、物力、财力去发展可再生能源，表面上看起来轰轰烈烈，但从国家能源系统的整体来看，收益却不大。因此，国家的能源或是新能源的发展应该是一个放在国家高度上的、整体统筹规划的、合理的发展。

12 未来的希望——新能源

新能源是相对常规能源而言，以采用新技术和新材料而获得的，在新技术基础上系统地开发利用的能源，如太阳能、风能、海洋能、地热能等。与常规能源相比，新能源生产规模较小，使用范围较窄，常规能源与新能源的划分是相对的。以核裂变能为例，20世纪50年代初开始把它用来生产电力和作为使用时，被认为是一种新能源。到80年代世界上不少国家已经把它列为常规能源。太阳能和风能被利用的历史比核裂变能要早许多世纪，由于还需要通过系统研究和开发才能提高利用率，扩大使用范围，所以还是把它们列入新能源。

按1978年12月20日联合国第三十三届大会第148号决议，新能源和可再生能源共包括14种：太阳能、地热能、风能、潮汐

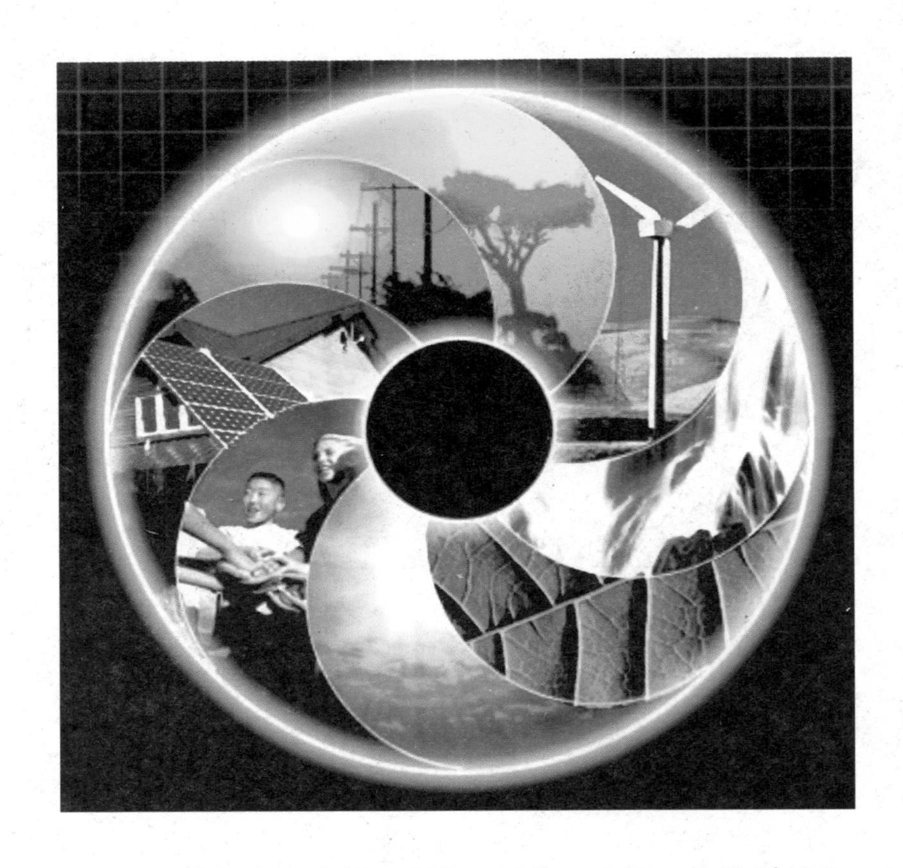

能、海水温差能、波浪能、木柴、泥炭、木炭、生物质转化、畜力、油页岩、焦油砂及水能。1981年8月10日至21日，联合国新能源和可再生能源会议以后，各国对这类能源的称谓有所不同，但是共同的认识是，除常规的化石能源和核能之外，其他能源都可称为新能源和可再生能源，主要为太阳能、生物质能、风能、地热能、海洋能、氢能和水能。

新能源和可再生能源符合可持续发展的基本要求，它具有

如下特点：

1.资源丰富，分布广泛，具备替代化石能源的良好条件。

2.技术逐步趋于成熟，作用日益突出，表现为：能源转化效率不断提高；技术可靠性进一步改善；系统日益完善，稳定性和连续性不断提高；产业化不断发展，已涌现一批商业化技术。

3.经济可行性不断改善。事实表明，新能源和可再生能源技术不仅应该成为可持续发展能源系统的组成部分，而且实际上已经成为现实能源系统中的一个不可缺少的部分。

我国新能源利用可以追溯到20世纪50年代末的沼气利用，但新能源产业在我国规模化的发展却是在近几年的时间。相对于发达国家，我国新能源产业化发展起步较晚，技术相对落后，总体产业化程度不高；但同时，我国具备丰富的天然资源优势和巨大的市场需求空间，在国家相关政策引导扶持下，新能源领域成为投资热点，技术利用水平正逐步提高，具有较大的发展空间。

第2篇

太阳能

美丽而神奇的太阳

一个圆加上一周的光芒，很漂亮，很温暖，人类对太阳的认知从这里开始，然而太阳本身远远不止这么简单。太阳的直径约为139.2万千米，是地球的109倍，如果把太阳比作一个篮球，那么地球仅好比一粒米。

太阳的质量近2 000亿亿亿（10^{23}）吨，是地球的33万倍，它集中了太阳系99.865%的质量，是个绝对至高无上的“国王”，无数的簇拥者在其左右。

太阳的能量来源于太阳内部连续不断的核聚变反应中产生的能量，而太阳的这种聚变反应足以维持100亿年,因此我们称太阳

太阳系

未来型全太阳能住宅

正处于中年期。目前我们也不用担心太阳会像停了电的灯一样熄掉，所以自古以来太阳都是人类赞美的对象，神的象征。

据估计，每秒钟从太阳表面辐射出的能量约3.8×10^{23} kJ（千焦耳），平时家用1度电=3.6×10^{3} kJ，可以估计这1秒钟太阳辐射能量的巨大。太阳的能量是以电磁波的形式辐射出来，电磁波的波长涵盖从小于0.1 nm（纳米）的宇宙射线到波长为几十千米的无限电波。但并不是太阳所有的辐射能量都到达地球，能够进入大气层到达地球的太阳能量是我们最关心的。资料显示，太阳每分钟射向地球的能量相当于人类一年所耗用的能量，相当于500多万吨煤燃烧时放出的热量。然而就算是进

入大气层的太阳能也不能全部被我们所捕获，其中只有千分之一二的太阳能被植物吸收，并转变成化学能储存起来，而其余绝大部分都转换成热，散发到地球或宇宙空间去了。是不是觉得很可惜呢？是呀，在能源紧缺的今天，我们希望通过先进的科学技术把不断散失掉的太阳能收集起来为我们所用！

收集太阳光的热能

把进入地球空间的太阳辐射热能收集起来是太阳能利用最直接的方式。热能可以用于加热，还可以转化成机械能、并驱动发电机发电，因为我们知道电能是最方便输送和用途最广的二次能源。那么如何收集太阳光的热能呢？

能够完成把太阳光的热能收集起来的装置叫太阳能集热器。集热器主要通过热吸收材料或物理聚光等原理来收集热能。

太阳光由不同波长的光组成，不同物质和不同颜色对不同波长的光的吸收和反射能力是不一样的。总的来说，深颜色吸收阳光的能力最强，因此冬季棉衣一般用深色布。浅色反射阳光的能力最强，因而夏季的衬衫多是淡色或白色的。因此利用深色可以聚热。当然有一些特殊的材料，它自身的特点就是可以尽可能多地吸收太阳辐射，这也是我们要重点利用的。

另一方面，把太阳光聚集集中照射在吸热体较小的面积上，增大单位面积的辐射强度，从而使集热器获得更高的温度。我们都知道，纸在阳光照射下，不管阳光多么强，哪怕是在炎热的夏天，也不会被阳光点燃。但是，若利用聚光器如透镜，把阳光聚集在纸上，就能将纸点燃。

聚光集热器

平面集热器

集热器一般可分为平板集热器、聚光集热器和平面反射镜等几种类型（如图）。由于用途不同，集热器及其匹配的系统类型有很多，比如用于炊事的太阳灶、用于产生热水的太阳能热水器、用于干燥物品的太阳能干燥器、用于熔炼金属的太阳能熔炉，以及太阳房、太阳能热电站、太阳能海水淡化器等等，但集热器都是各种利用太阳能装置的关键部分。

平板集热器一般用于太阳能热水器、房屋的采暖（暖气）等。聚光集热器可使阳光聚焦获得高温，焦点可以是点状或线状，用于太阳能电站和太阳炉等。平面反射镜用于塔式太阳能电站（见下节图），有跟踪设备，一般

平板集热器

和抛物面镜联合使用。平面镜把阳光集中反射在抛物面镜上，抛物面镜使其聚焦。

太阳能热水器

北京平谷区太平庄村太阳能采暖/热水工程

全球最大的太阳炉位于法国欧德洛比利牛斯山山坡上，该太阳炉是由9 500面镜拼接而成，反射镜把安装在对面山坡上的63块巨型平面镜反射过来的阳光聚集起来。太阳东升西落，反射镜跟踪太阳转动，将太阳能聚集起来。该高温炉的功率达1 000千瓦，炉温可达3 500 ℃。这座太阳炉主要用于熔炼镐金属，每天可生产2.5吨，其纯度比一般电炉熔炼还高。

2006年以来，日照充足的宁夏开始在农村及乡镇推广使用一种廉价节能太阳灶，每座仅百元的价格利于在广大农村推广和普及。目前，已经有超过37万户用上了清洁环保的廉价太阳灶，不仅降低了资源能耗，也保护了当地植被和生态。

太阳能热发电

刚才我们已经说了电能的重要性，现在几乎离开了电我们就不能生活，所以把各种能源转换成电能是开发利用每一种新能源首先应该研究的问题，比如说太阳能发电、风能发电、生物质发电、核能发电等等。

太阳能热发电的原理很简单，就是通过大量的集热器把太阳能的热量收集起来，吸收了热量的工作物质产生高温蒸汽，蒸汽驱动发电机发电。因为它主要是实现把太阳光的热能转化成电能，所以我们称此为太阳能热发电。太阳能还可以通过光伏效应的形式产生电，我们称为太阳能光伏发电，从原理

塔式太阳能热发电系统

上说太阳能热发电和太阳能光伏发电是有区别的，关于太阳能光伏发电后面会介绍。

太阳能热发电站按采集方式来划分的话，其形式主要有：太阳能塔式发电系统、太阳能槽式发电系统和太阳能碟式发电系统。（见下图）

塔式系统的大量定日镜把太阳能吸收到塔顶固定的吸收器腔体内产生高温来发电。槽式系统把太阳能聚焦到管状的吸收器上，将管内的工质加热发电，它主要是线聚焦方式，而且槽式反射面和聚焦管线可一起跟踪太阳而运动，不像塔式系统是固定的，这就提高了太阳能的采集率。碟式系统则是将太阳能聚焦到一点，加热工质发电，和槽式一样，碟式系统的太阳能接收器也不固定，随着碟式反射镜跟踪太阳运动而运动。很明显碟式的点聚焦方式比槽式的线聚焦方式热量集中更快，应该所碟式和槽式系统由于可以跟踪太阳的运动光热转换效率都比塔

槽式太阳能热发电系统

式系统高，但是，由于要求集热系统可运动等要求，大规模的太阳能利用多采用塔式系统，而碟式系统更适合边远地区独立电站，槽式系统则根据条件来选择。

碟式太阳能热发电系统

什么是“光伏效应”

1799年，意大利科学家伏打在实验中发现：把一块锌板和一块银板浸在盐水里，连接两块金属的导线中有电流通过，这就是最早的“伏打电池”。后来把将不同的金属片插入电解质水溶液形成的电池，通称伏打电池。伏打电池是利用金属与电解质水溶液的化学反应而使得金属两极之间形成电压来实现电池作用的。现在普通的干电池就是一种伏打电池。

1839年，法国物理学家A. E. 贝克勒尔意外地发现，伏打电池受到阳光照射时会产生额外的伏打电势，他把这种现象称为光生伏打效应，即“光伏效应”。简而言之，就是光照产生电压。

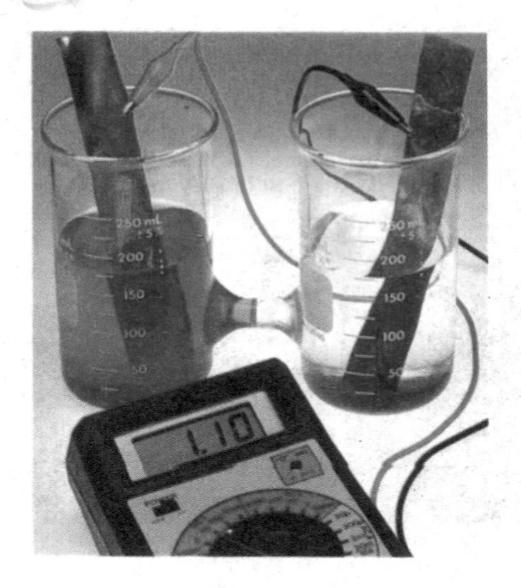

铜锌伏打电池

1883年，有人发现了固体的光伏效应，当太阳光或其他光照射半导体的PN结时，也会产生光伏效应。后来就把能够产生光生伏打效应的器件称为光伏器件。下面我们来看看硅材料的光伏效应。

你是否正疑惑什么是半导体的“PN结”呢？那么我们得首先来了解了解。大家都知道物质是由分子构成，

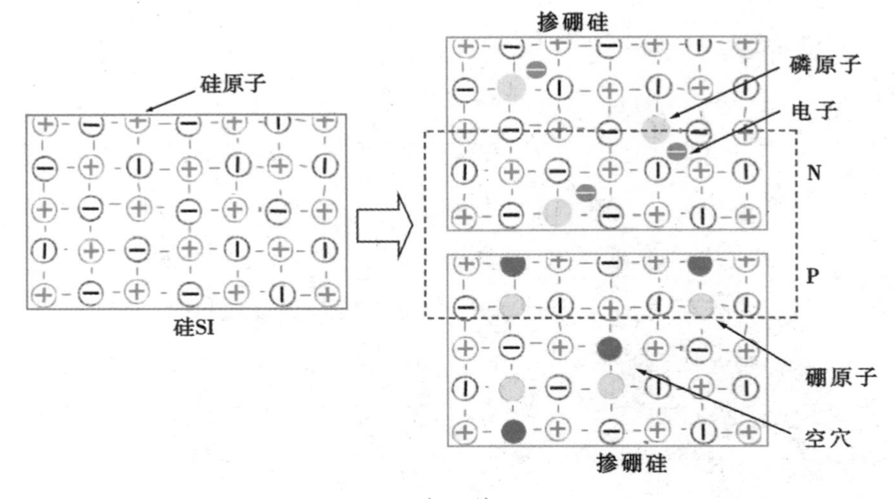

硅PN结

分子是由原子构成，原子是由原子核和核外电子构成。如下图，硅的一个硅原子旁边有四个电子。当硅晶体中掺入硼时，因为硼原子周围只有3个电子，所以就会产生如图所示的蓝色的空穴，容易吸收电子而中和，形成P（positive）型半导体。掺入磷原子以后，因为磷原子有5个电子，所以就会有一个电子变得非常活跃，形成N（negative）型半导体。

P型半导体中含有较多的空穴，而N型半导体中含有较多的电子，这样，当P型和N型半导体结合在一起时，这就是PN结。

当光照射PN结时，N型半导体的空穴往P型区移动，而P型区中的电子往N型区移动，从而形成从N型区到P型区的电流,这就产生了电压，光伏效应就产生了（如下图）。

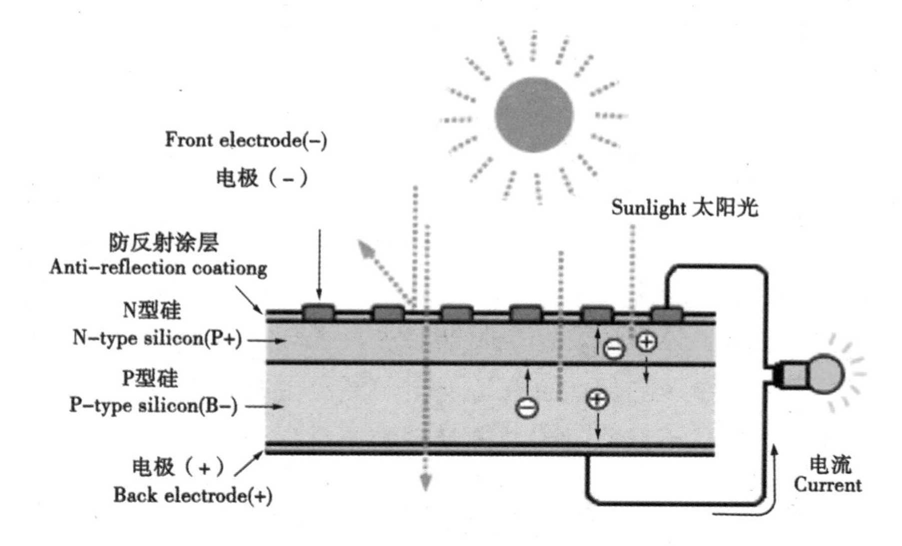

太阳能电池

由于半导体PN结器件在阳光下的光电转换效率最高，所以通

常把这类光伏器件称为太阳能电池。其中硅太阳能电池是目前发展最成熟，应用最广的太阳能电池。

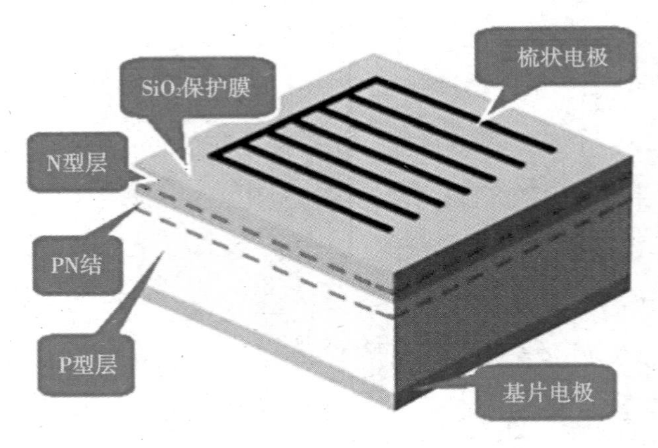

硅锭结构

那么，硅太阳能电池是怎么做成的呢？有些什么工艺呢？前面我们介绍了硅半导体PN结的光电转换原理。另一方面在制作成光电池时，由于硅半导体不是电的良导体，电子在通过PN结后如果在半导体中流动，电阻非常大，损耗也就非常大，考虑在表层涂上金属。但如果在上层全部涂上金属，由于金属反射很强，阳光又不能通过，电流就不能产生，因此一般用金属网格覆盖PN结（如上图梳状电极），以增加入射光的面积。

另外硅表面也非常光亮，会反射掉大量的太阳光，不能被电池利用。为此，科学家们给它涂上了一层反射系数非常小的保护膜（如上图），将反射损失减小到5％甚至更小。一个电池所

能提供的电流和电压毕竟有限，于是人们又将很多电池（通常是36个）并联或串联起来使用，形成太阳能光电板。

通常的晶体硅太阳能电池是在厚度350～450μm的高质量硅片上制成的，这种硅片是从提拉或浇铸的硅锭上锯割而成。

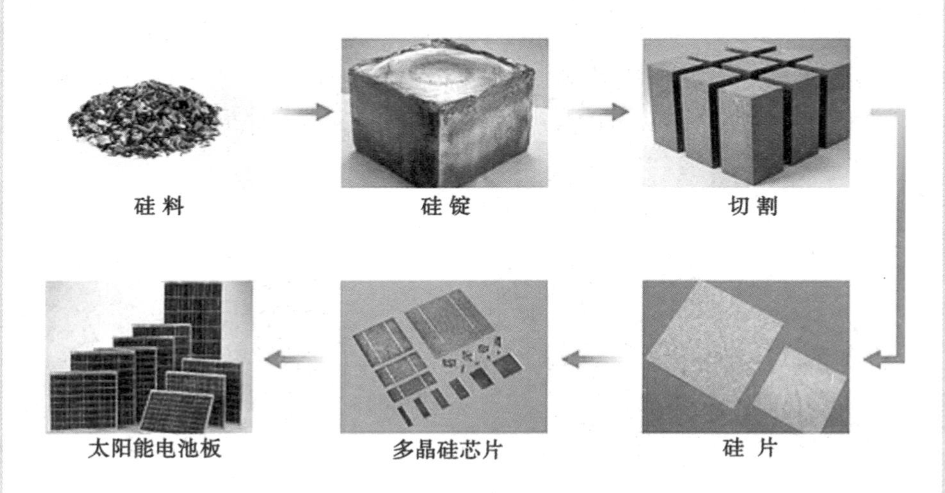

硅太阳能电池工艺

目前硅太阳能电池分三种：单晶硅太阳能电池、多晶硅薄膜太阳能电池和非晶硅薄膜太阳能电池。单晶硅电池转换效率最高（15%左右），但成本价格高；多晶硅电池转换效率高于非晶硅薄膜电池（10%左右），成本低廉；非晶硅电池成本低重量轻，转换效率较高，便于大规模生产，有极大的潜力，但受制于其材料引发的光电效率衰退效应，稳定性不高，直接影响了它的实际应用，不过仍是太阳能电池的主要发展产品之一。

2 太阳能光伏发电

用太阳能电池发电即为光伏发电。光伏发电系统的主要部件是太阳能电池组（光伏组件）、太阳能控制器、蓄电池（组），如下图。

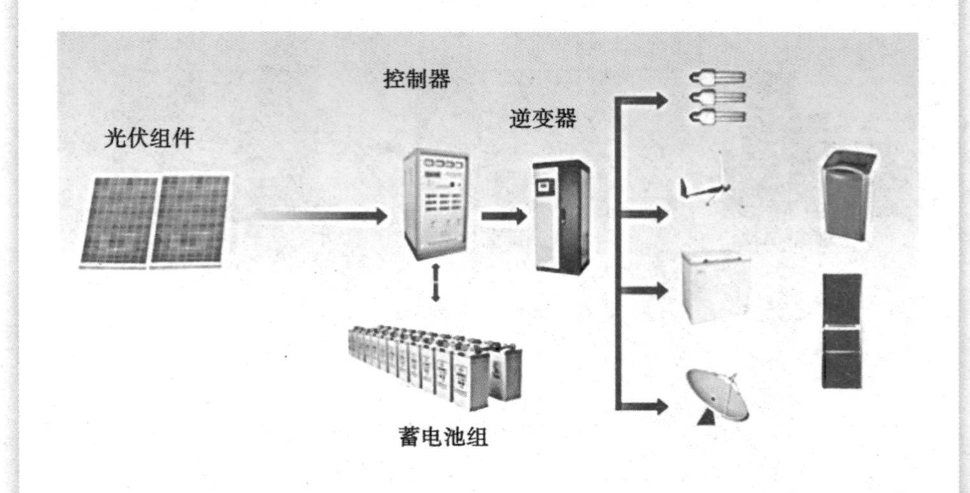

光伏发电系统的主要部件

①太阳能电池板：由一个或多个太阳能电池片组成，其作用是将太阳的辐射能转换为电能，或送往蓄电池中存储起来，或直接给用电器供电。当然太阳能电池板的质量和成本将直接

决定整个系统的质量和成本。

②太阳能控制器：太阳能控制器的作用是控制整个系统的工作状态，并对蓄电池起到过充电保护、过放电保护的作用。

③蓄电池：作用是在有光照时将太阳能电池板所发出的电能储存起来，到需要的时候再释放出来。

④逆变器：需要将太阳能发电系统所发出的直流电能转换成交流电能。

光伏发电系统分为独立太阳能光伏发电系统和并网太阳能光伏发电系统。

独立太阳能光伏发电是指太阳能光伏发电不与电网连接的发电方式，典型特征为需要蓄电池来存储夜晚用电的能量。独立太阳能光伏发电在民用范围内主要用于边远的乡村，如家庭系

香港科技园的太阳能光伏遮阳板

统、村级太阳能光伏电站；在工业范围内主要用于电讯、卫星广播电视、太阳能水泵，在具备风力发电和小水电的地区还可以组成混合发电系统，如风力发电/太阳能发电互补系统等。

并网太阳能光伏发电是指太阳能光伏发电连接到国家电网的发电的方式，成为电网的补充，典型特征为不需要蓄电池。民用太阳能光伏发电多以家庭为单位，商业用途主要为企业、政府大楼的供电，工业用途如太阳能农场。

2008年奥运会使用的安有光伏发电系统的国家体育馆

3 太阳能改变人类生活

太阳能汽车

太阳能汽车的研究开始于20世纪中期，世界上第一辆太阳能汽车于1978年在英国诞生，时速达到13公里。如何提高太阳能汽车的时速是对太阳能利用技术的一项挑战。

路易斯·帕尔马，来自瑞士的“瑞士太阳能的士”的发起人和驾驶者。2007年7月3日，帕尔马从瑞士卢塞恩出发，驾车环游世界，预计历时18个月，跨越5个大洲50个国家，而中国是此旅程的第25站。“瑞士太阳能的士”的中国巡游将途经云南、广西、广东、江西、浙江、江苏、上海，最后抵达北京，为期39天，预计将行驶6 419公里。

这辆名为“太阳能的士(Solar Taxi)”的汽车全部采用太阳能供应动力，时速最高达90公里，有阳光时可以连续开400公里，没有阳光也可以开300公里。

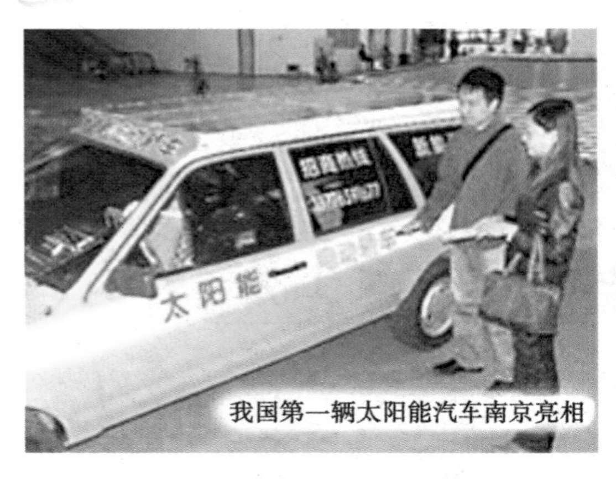

我国第一辆太阳能汽车南京亮相

1984年9月，我国首次研制的“太阳号”太阳能汽车试验成功，并开进了北京中南海的勤政殿，向中央领导汇报。该车安装了2 808块单晶硅片，组成10 m²的硅板，装有三个车轮，自重159 kg，操纵灵活，转向和变速方便，车速20公里每小时，遇阴雨或晚上，靠两个高效蓄电池供电，可连续行驶100公里。

1996年，清华大学参照日本能登竞赛规范，研制了“追日”号太阳能汽车。重800千克左右,最高车速达80公里每小时，造价为7.8万美元。其采用的电池板是我国第五代产品，太阳能转化率只能达到14%。

2001年全国高校首辆可载人的太阳能电动车——“思源号”在上海交通大学诞生。无需任何助动燃料，只要在阳光下晒三、四个小时，便能轻松跑上10多公里，最高时速50公里 。

中山大学太阳能系统研究所的一辆太阳能电动车

全球最负盛名的太阳能汽车比赛在澳大利亚。到现在，澳大利亚国际太阳能汽车大赛已经举办了20多年，为推动太阳能汽车的发展做出了巨大的贡献。

2003年澳大利亚太阳能汽车比赛上，由荷兰制造的“Nuna II”太阳能汽车取得了冠军，它以30小时54分钟的时间跑完了3 010公里的路程，创造了太阳能汽车最高时速170公里的新世界纪录。

太阳能飞机

1974年11月4日，世界上第一架太阳能飞机Sunrise I在4 096块太阳电池的驱动下缓缓地离开了地面，这次成功的飞行标志着太阳能飞行时代的来临。

此后的二十几年中，由于相关技术的落后，太阳能飞机发展缓慢。直到20世纪末，随着太阳电池效率、二次电源能量密度的提高，以及微电子技术、新材料技术等的发展，太阳能飞机终

2007年11月5日，在瑞士杜本多夫举行的新闻发布会上，展出了“阳光脉动”太阳能飞机样机。科研人员历时4年制成了这架太阳能飞机。

于驶上了飞速发展的快车道。

太阳能电动自行车

我国是自行车数量最多的国家，同时也逐步成为电动自行车最多的国家。太阳能将成为为电动自行车提供电能的最理想的方法。

单从太阳能电池的输出特性看，并不适合驱动直流电动机，但电动自行车都配有蓄电池，它可以给直流电动机提供瞬间大电流。所以如果没有蓄电池，太阳能电动自行车要想工作是非常困难的。

多伦多一家环保科技公司生产的一款太阳能电力自行车，该自行车于2006年5月面世，并在9月份开始正式投入生产。太阳能板安装在自行车的轮子上，能够源源不断地吸收阳光创造出太阳能并对自行车的电池进行充电。

2005年6月12日，74岁的徐志清老人向人们介绍他自己制作的电动自行车的太阳能电源。当日，在杭州举办的节能产品与成果展上，杭州市民徐志清将自己制作的一辆利用太阳能为蓄电池充电的电动自行车骑到了现场，引起了人们的关注。据测定，车顶这块面积约0.6平方米的太阳能电池板在太阳下晒4小时为蓄电池充电后，该车可行驶约30公里，电池板本身还可为骑车人遮挡烈日。

德国发明的太阳能自行车

美国科学家“仰卧型自行车”

4 开发利用太空中的太阳能

我们知道，到达地球的太阳能仅仅只是整个太阳能中很微小的一部分，让我们把视线放得更远点，在广袤的太空中丰富的太阳能正等着我们去发掘。

月球太阳能发电站计划

月球，和太阳一样为我们所熟悉，人类最初的太空探索就是从月球开始。如果要找个基地建太空太阳能发电站的话，月球是最合适不过了。无论从能源输送的距离考虑，还是已经掌握的丰富的月球信息来看都为建发电站提供了条件。月球表面没有大气，太阳辐射可以长驱直入，因此在白天月球表面太阳能辐射强烈，有丰富的太阳能。

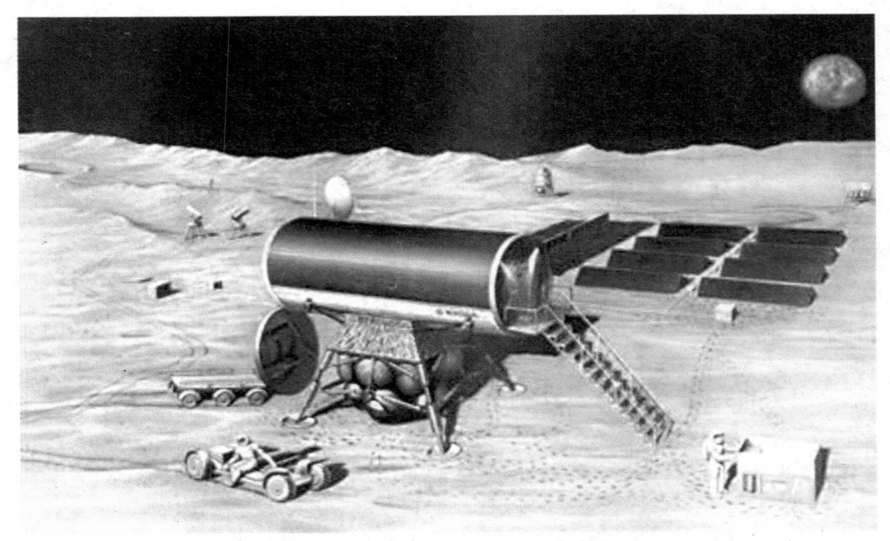

月球太阳能发电站设想

美国休斯敦能源研究中心调查报告就指出，到2050年，地球上的100亿人需要消耗20×10^{12} W能源。月球从太阳上获得的发电能力高达$13\,000 \times 10^{12}$ W，将其中1 %的太阳能加以利用并送回地球，就足以取代地球上使用的矿物燃料能源。

月球上的白天和黑夜都相当于14个地球日，因此可沿月球纬度相差180度的位置分别建立太阳能发电厂，并采用并联式连接，就可以获得极其丰富而稳定的太阳能。当处在月球夜晚的太阳能电厂停止工作时，处在月球另一侧的太阳能发电厂正好在白天，可以正常发电。两个电厂不断轮换可以保持持续发电。然后用微波将能量传输到地球，实现为地球提供新的能源。同时，这样也可解决未来月球基地的能源供应问题。

科学家还发现，月球表面的尘埃物质可以用来制造太阳能电池。休斯敦大学太空能源专家阿列克斯·弗兰德里奇教授和他的研究小组研究发现，月尘中有一半的物质都是二氧化硅，另外一半则由包括铝、镁和铁在内的12种金属的氧化物组成。弗兰德里奇试验也证明，将它们熔化成了光滑的晶体薄板后，利用这种晶体薄板完全能够制造出可提供稳定电流供应的太阳能电池。

未来月球基地及太阳能发电厂示意图

弗兰德里奇设想，今后可先向月球表面投放一些轮式机器人，由它们负责收集月球表面尘埃物质，之后再将这些物质清洗、熔化，制成薄板。在制造电池的过程中，轮式机器人前方的镜片会收集太阳的热能。当机器人不断来回行驶时，它会一

面吸收太阳能，一面把月球风化层(月球的尘土)融化，用来制造电池的玻璃底层。轮式机器人会在这块玻璃层上铺上一层铝金属作为电极。接着，轮式机器人会继续来来回回行驶，继续铺设硅层，以及改善半导体导电率的物料。当所有程序都完成之后，一块块铺在月球表面的太阳能电池就大功告成了。

宇宙太阳能发电技术的优点是：既能够彻底解决现有火力发电站排出二氧化碳等温室气体污染环境的问题，又可以避免地球上太阳能发电设备受天气和昼夜变化等的影响，从而高效率地生产清洁能源。

诺贝尔奖得主尼古拉·谢苗诺夫曾预言，第1座外星球电站将首先出现在月球，电站的太阳能电池板将覆盖住整个月球表面。

太空太阳能发电

如果我们嫌月球都还太远，那么还可以直接在地球大气层以外的空间建立发电系统。地球大气层以外由于没有大气吸收、昼夜交替和云层遮挡，相同时间内，太空发电站的发电量将是在地球上相同面积太阳能电站产能的20倍。

当然，在毫无边际的太空中建立发电站还是很有难度的。太空太阳能发电站的想法最初在1968年由美国麻省里特咨询公司的工程师彼特·格拉斯提出。格拉斯设想了一个面积达50平方公里的太阳能电池板阵列，其中每块电池板都能产生数千瓦的能量。人们用火箭将这些电池板送入地球同步轨道，并让数百名宇航员在太空中完成组装工作成为太阳能卫星。并且太空发

根据推测，仅相对地球1千米的轨道半径上，1年的太阳能有约212太瓦年TW-years（1太瓦=10^{12}瓦），约等于现在地球上可探知却还未开采的原油储存的能量，约250太瓦年。

电站的电池板能不断调整角度以面对太阳，然后用一个长达1公里的微波天线将太阳能传回地球。为实现这一目标，这个巨大的天线必须安装在万向装置上，使它能自由旋转而不受阵列中其他设备的影响。地面接收天线则更为壮观，占地超过100平方公里。仅将一颗这样的太阳能卫星送进太空就需要1万亿美元，而在太空建发电站至少需要十几颗这样的卫星。由于技术要求高，建设成本高，美国在20世纪70年代进行了初步研究后还是放弃了这种想法。

虽然在太空建设发电站的计划暂时搁置，但人类探索太空太阳能的脚步却从未止步。美国太空太阳能专家约翰·曼金斯说，近年来太阳能领域的三大技术突破可使太阳能卫星的大小

和成本降到可接受的水平。与20世纪70年代相比，如今的太阳能电池的效率提高了4倍，因此所需的电池板的面积可大大缩小。其次，微波传送技术和太阳能激光技术也大大提高，利用固定装置就能使激光和微波光束实现精确指向，而不再需要旋转天线。因此可以用体积小、组装简便的模块天线替代原来1公里长的天线。最后，机器人可以替代宇航员在太空中完成组装工作。

2007年，日本大阪激光技术研究所的研究人员用阳光作为能源，产生了功率高达180瓦特的激光。他们希望采用激光和微波来实现太阳能的太空传输。日本计划在2 030年以前，将一个太阳能发电基站送入地球静止轨道，它将向地面传输功率为100万千瓦的能量，相当于一座大型核电站的产能率。这些能量将以微波或激光的形式下传，在地面上被接收并转换成电能，然后并入商用电网，或以电解氢的方式存储起来。

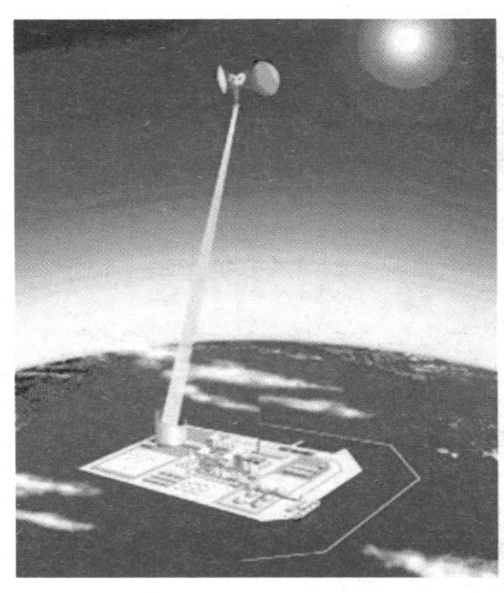

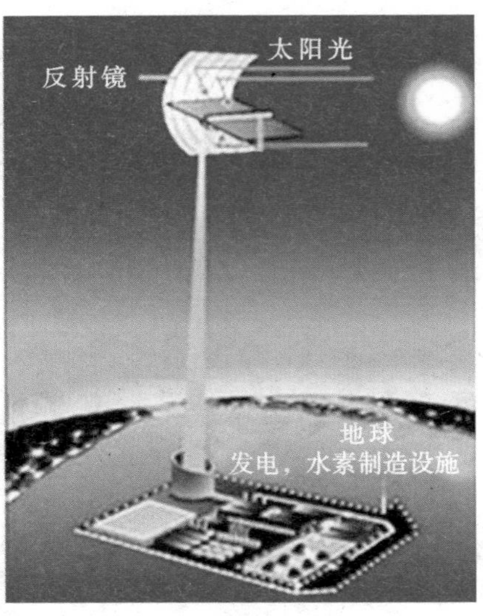

美国加大对太空太阳能利用，他们设想太空太阳能发电系统由两组相距50公里的特殊反光镜和太阳能电池板等组成，位于距地约3.6万公里高的静止地球轨道

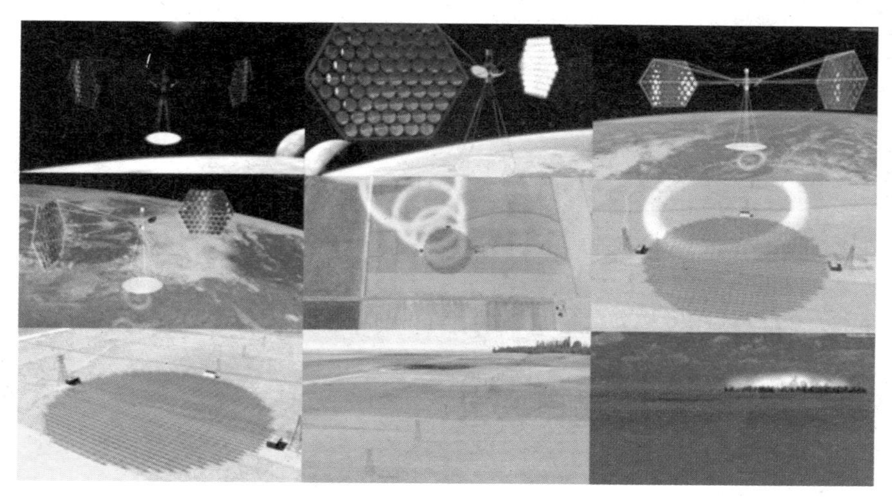

上。反光镜可将太阳光集中到中央的电池板上生成电力，转换成微波输送给地上直径500米以上的接受装置，然后再通过现有输电线路转换成合成碳氢燃料或直接输送给消费者。该系统的最大输出功率相当于10座核电站，项目耗资将超过87亿美元。

5 航天器的动力——太阳能帆板和太阳帆

说到太空，我们就会想起“嫦娥”、神舟飞船，想起登月、火星漫游等人类利用和探索太空的活动，而这些活动里面有一个很重要的仪器，就是航天器。

来了解一下航天器吧！航天器是在地球大气层以外的宇宙空间，基本上按照天体力学的规律运行的各类飞行器。目前航天器的还都是在太阳系内运行。航天器分为人造地球卫星、空间

探测器和载人航天器。

由于航天器要进入宇宙空间，距离远，因此对航天器结构的基本要求是重量小、可靠性高、成本低等，通常用结构质量比，即结构重量占航天器总重的比例来衡量航天器结构设计和制造的水平，这个比值越小表示水平越高。

航天器的翅膀——太阳能电池帆板

太阳能帆板是航天器上的一种重要能源装置，它的面积很大，像翅膀一样在航天器的两边展开，所以又叫做太阳翼。其

2007年10月“嫦娥”挥展18米太阳翼，卫星本体为一个2.22米×1.72米×2.2米的六面体，两侧各装有一个大型展开式太阳电池翼，当两侧太阳翼完全展开后，最大跨度可以达到18米，重量为2 350千克，设计工作寿命为一年，将运行在距月球表面200千米高的轨道上。

实太阳能电池帆板实际上就是太阳能电池阵列。早期航天器的太阳能电池阵列是设置在航天器的外表面上，后来由于航天器用电量需求的增加，才发展为巨大的帆板，而且这种帆板的面积不断增大。

中国将于2010至2011年底发射天宫一号飞行器

一年四季，每天天气都在变化，多亏了天气预报，让我们清楚地知道每天的冷暖，而这些准确的

2004年1月3日，美国国家航空航天局(NASA)的火星漫游者探测器"勇气"号和"机遇"号成功登陆火星。"勇气"号和"机遇"号都因火星上的尘土遮挡住而一度陷入瘫痪状态，但由于火星上的小旋风奇迹般的吹走太阳能板上的尘土，使研究工作没受任何影响。

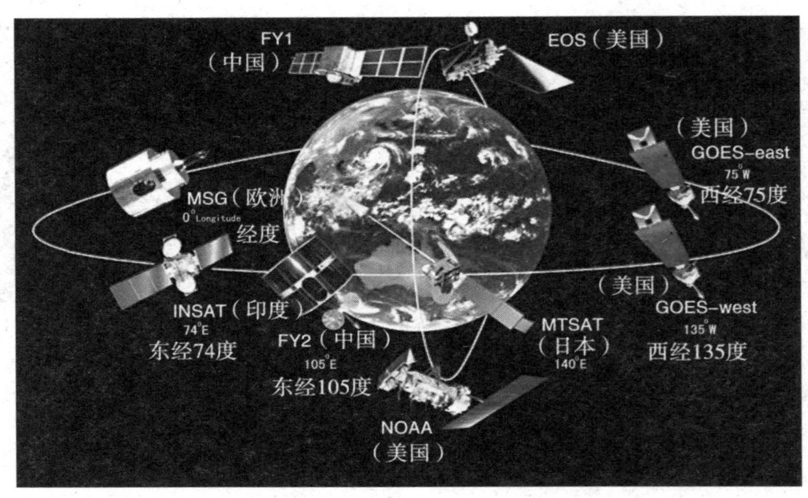

全球气象卫星全球分布图

预报就得归功于气象卫星了。

截至1990年底，在30年的时间内，全世界共发射了116颗气象卫星，已经形成了一个全球性的气象卫星网。看看美丽的气象卫星，每一颗的太阳能板都闪闪发光，它们能在太空长时间工作全靠太阳了。

不同凡响的“太阳帆”

不要以为“太阳帆”就是“太阳能帆板”，这是两个不同的东西。太阳帆是利用太阳光的光压进行宇宙航行的一种航天器。如果我们把光看作一个一个的光子，运动着的每个光子都有动量，当大量光子垂直撞击在物体上，由物理学中的动量定理，则物体受到光子给的压力。这好比无数雨滴打在伞上，伞

会受到压力一样。太阳帆就是以这种压力为推力的航天器。

虽然，计算可知，太阳光给物体的压强是很微小的，这种推力完全不能让航天器从地面起飞，但由于在太空中没有空气阻力，这种小小的推力仍然能提供给有足够帆面面积的太阳帆一定的加速度。如先用火箭把太阳帆送入低轨道，则凭借太阳光压的加速，它可以从低轨道升到高轨道，甚至加速到第二、第三宇宙速度，飞离地球，飞离太阳系。理论计算可得，如果帆面直径为300米，可把0.5吨质量的航天器在200多天内送到火星；如果直径大到2 000米，可使5吨质量的航天器飞出太阳系。

“宇宙一号”太阳帆飞船

“宇宙一号”太阳帆飞船由美国行星学会、俄罗斯科学院与莫斯科拉沃奇金太空工业设计所花费数年时间联合研制的，耗资400万美元。2005年6月21日从位于巴

伦支海水下的俄罗斯“鲍里索格列布斯克”号核潜艇上通过“波浪”运载火箭发射升空。科学家们原本计划，该飞船被发射到太空指定位置后能够自动打开一个总面积为600平方米的花瓣形太阳帆，并随后进行旨在验证人类有无可能利用太阳光光压驱动航天器进行星际远航的试验。但不幸的是，“波浪”运载火箭在发射升空后仅仅83秒就与地面指挥中心失去了联系。

第3篇

生物质能

1 地球上的生物

广阔的自然界，山川秀丽，花木丛生，物种千千万万，而它们不外乎有两大类，一类是有生命的，一类是没有生命的。树、草、蘑菇、鸟、鱼、蝴蝶和人都是有生命的，太阳、空气、山石、河水等都是没有生命的。自然界中凡是有生命的物体都是生物，这就是说，小到不能用眼睛看到的细菌和病毒，大到参天大树，上至空中的飞鸟，下至水中的游鱼统统都是生物。生物可以分为植物、动物和人类，其实很多时候我们也把人类归为动物。

人类是生物界的一员，人类的生存离不开生物界。一方面人类生存需要吸入氧气，而氧气是植物光合作用的主要产物，反过来，植物光合作用的原料二氧化碳又是人类呼出的废气。另一方面，人类的生存需要进食，而我们主要的食物都是生物界的植物和动物，蔬菜是植物，鸡、鸭、鱼、鹅、猪、羊等都是动物，而我们消化食物的排泄物又是植物生长的肥料，里面含有植物所需的矿物质。当然，动物的呼吸和进食也有同人类类似的作用。正因为自然界中这些息息相关的关系，才使得自然界中的生命生生不息。

当然，我们所提及的这种循环关系只是最基本的，为了详

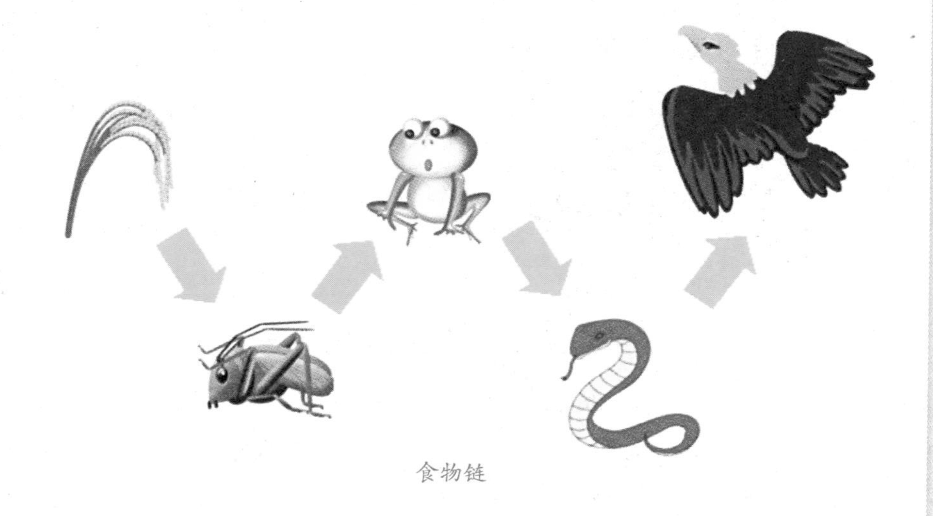

食物链

细研究这些相互关系，人类已经提出了很多成熟的理论，如自然界的碳、氧循环关系，自然界的食物链等，这些理论阐述了生物体之间更具体的依存关系。例如：蝗虫吃麦子，青蛙吃蝗虫，蛇吃青蛙，老鹰吃蛇的食物链（如上图）。虽然我们不详细阐述这些理论，但可以看出来，植物是公认的食物链的生产者。说到这里，我们要回到能源的主题了，从能量的角度，上面所有的循环关系都是能量在各种生物体中转变的过程，每一级食物都是下一个生物维持生命的能量来源。如果说食物链的生产者是植物的话，那么植物的生存生长直接影响到自然界生物的生存。而植物通过光合作用维持生命，而光合作用又离不开光。这样的关系让我们想到了第1篇里面提到的“地球能源主要是太阳”一说，从这点来看是符合的。下面我们来看看，从

能量的角度，太阳能是怎样通过光合作用储存于植物中并通过食物链在各种生物中转化的呢?

2 能量加工厂——光合作用

植物的光合作用是一个很复杂的过程，它的原理过程也是经历了漫长的时期才明朗化。直到18世纪中期，人们都一直以为植物体内的全部营养物质，都是从土壤中获得的，并不认为植物体能够从空气中得到什么。1771年，英国科学家普利斯特

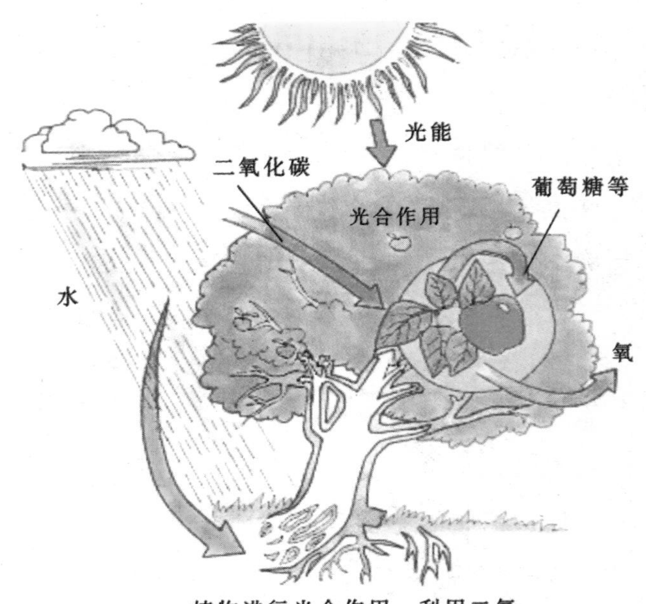

植物进行光合作用，利用二氧化碳和水生产葡萄糖等有机物

利发现，将点燃的蜡烛与绿色植物一起放在一个密闭的玻璃罩内，蜡烛不容易熄灭；将小鼠与绿色植物一起放在玻璃罩内，小鼠也不容易窒息而死。因此，他指出植物可以更新空气。但是，他并不知道植物更新了空气中的哪种成分，也没有发现光在这个过程中所起的关键作用。后来，经过许多科学家的实验，才逐渐发现光合作用的场所、条件、原料和产物。

总的来说，植物光合作用是植物中的叶绿素在太阳光的照射下把经过气孔进入叶子内部的二氧化碳和由根部吸收的水转变成为葡萄糖等有机物，同时释放出氧气的过程。该过程包含一系列的化学反应，而光是化学反应的必要条件。从能量的角度，化学反应实现了将太阳能转变成化学能，并把转化后的化学能储存在生成的有机物中。

那么有机物是什么？现在人类积极探测外太空，看一个星球有没有生命迹象，就先看星球上有没有水和有机物，有机物是生命产生的物质基础。早期有机化合物指由动植物有机体内取得的物质，因为“有机”一词表示事物的各部分互相关联协调而不可分，就像一个生物体那样。自从1828年人工合成尿素（有机物）后，对有机物结构有了深入了解后，有机物和无机物之间的界线随之消失，但由于历史和习惯的原因，“有机”这个名词仍沿用。

现在有机物通常是指化学结构中含有碳元素(CO、CO_2、碳酸盐、碳化物等除外）的化合物。有机物是相对无机物而言的，显而易见，无机物就是化学结构中不含碳元素的化合物。自然界中已知的有机物有近600万种，糖类（淀粉）、脂肪、蛋

白质、维生素等都是有机物，生活中一切粮食、衣服、盖的被子、桌子，椅子、纸、沼气、塑料、地板、轮胎、陶瓷等都是有机物。有机物大部分都有不溶于水、不耐热、熔点低、可燃烧、分子大等特点。所以我们一定要注意小心用火，因为一不小心就会烧光你周围的一切！当然，可燃也有好处，正好可以当燃料，用来发电呀！后面会讲到，生物质这种有机物就可以通过燃烧来利用它的生物质能。

这样来看，能够生成有机物的光合作用意义是非常重大的。光合作用为包括人类在内的几乎所有生物的生存提供了物质来源和能量来源。据估计，地球上的绿色植物每年大约制造四五千亿吨有机物，这远远超过了地球上每年工业产品的总产量。所以，人们把地球上的绿色植物比作庞大的“绿色工厂”，绿色植物的生存离不开自身通过光合作用制造的有机物。人类和动物的食物也都直接或间接地来自光合作用制造的有机物。从能量的角度，地球上几乎所有的生物，都是直接或间接利用通过光合作用储存在有机物中的化学能来作为生命活动的能源的。煤炭、石油、天然气等化石燃料中所含有的能量，归根结底都是古代的绿色植物通过光合作用储存起来的。所以，我们要充分利用各种形式的有机物，讲到这里我们就很容易明白下面要讲的生物质能了。

3 绿金——生物质能源

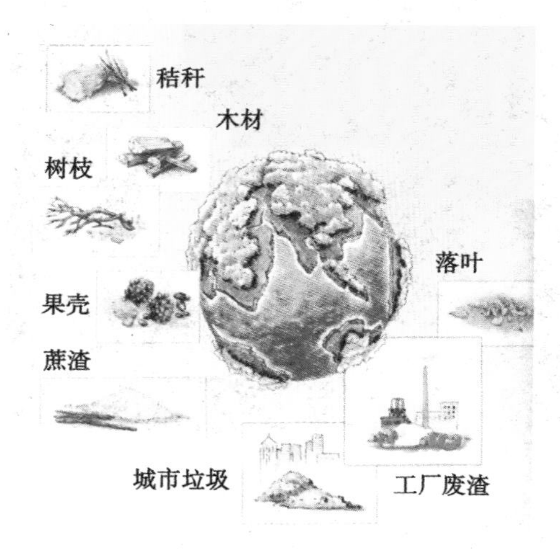

地球上丰富的生物质资源

我们把由光合作用而产生的各种有机体称作生物质，它包括各种植物、动物的排泄物、垃圾及有机废水等。其实，生物质就是直接或间接的有机物组成体，像我们身边的树木、草、农作物，以及纸浆废物、造纸黑液、酒精发酵残渣等工业有机废弃物，还有厨房垃圾、纸屑等一般城市垃圾都是蕴涵丰富能量的生物质。

生物质能——农民“种出来的石油”

之前，以石油、煤炭为代表的传统化石能源一直以来占据了主要的能源舞台。

生物质木屑和生物质有机燃料

由于它极度的重要性和宝贵性，通常把这些黑乎乎的东西称为“黑金”，但 “黑金”将逐渐枯竭。相对“黑金”而言，把生物质能叫做“绿金”，这充分体现了生物质能源在新能源中的重要地位。

据统计，世界上约有250 000种生物，而就植物的光合作用来说，每年植物因光合作用而储存的太阳能达3×10^{21} J，这个数值相当于全世界每年消耗能量的10倍。显而易见，地球上有十分丰富的生物质能源。

由于生物质中有机物可燃烧的特点，从古至今，燃烧是将生

物质能转换成热能的主要形式。与化石燃料相比，生物质燃料有燃烧清洁，污染小、可再生等优点。另外，生物质也可经工艺把有机物提取出来制作成有机燃料，如甲醇、生物柴油等。这些有机燃料是优质便携的清洁燃料，也是目前缓解燃油危机的研究方向。

生物质能转化利用途径主要包括燃烧、热化学法、生化法、化学法和物理化学法等（如下图）。

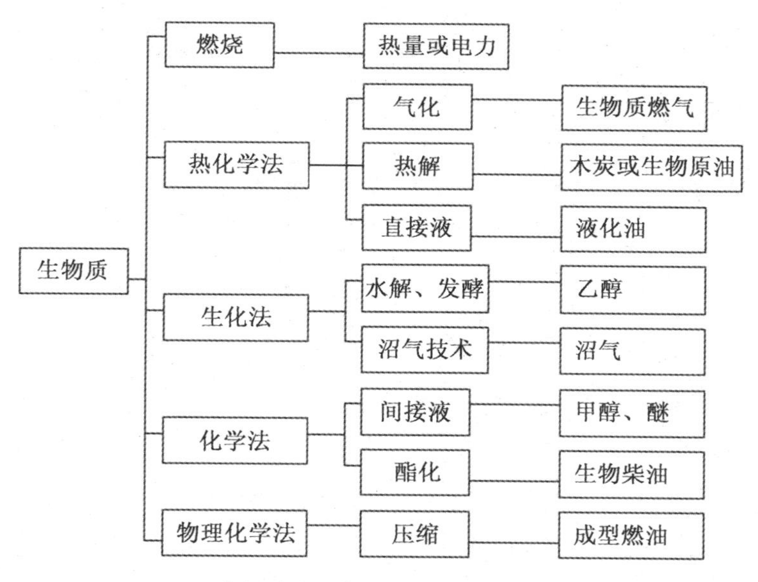

生物质能转化利用形式

上图中直接燃烧发电、制作生物燃料以及沼气的利用是现阶段较普遍的方式。来看看生物质能在这几个方面的应用吧！

4 生物质发电

生物质能如何转换成电能呢？生物质发电主要是利用农业、林业和工业以及城市垃圾等废弃的生物质为原料，采取直接燃烧或气化来发电。自1970年代石油危机以来，生物质能的开发利用受到了各国关注。

秸秆直燃发电

直燃发电是通过高效率的锅炉技术直接燃烧农作物秸秆（即玉米秆、高粱秆、稻草秆、麦秆、豆秆、棉花秆等）、林木废弃物等可燃生物质来推动汽轮机进行发电。

在农村，有很多农民处理废弃秸秆的方式就是点一把火把它烧掉，结果产生了大量的烟尘。而这种颗粒排放物对人体的健康有影响，而且秸秆中大量的水分（有时高达60%～70%），在燃烧过程中以水蒸气的形式带走大量的热能，使燃烧效率相当低，使得能量被浪费。所以，真正的直燃发电在燃烧技术上是有讲究的，除了一方面对秸秆等生物质进行成型处理外，还对燃烧锅炉有一定的技术要求。

美国、日本以及西欧许多国家如芬兰、比利时、法国、德国、意大利等国家很早就开始了压缩成型技术及燃烧技术的研究，各国根据本国的生物质结构特点先后有了各类成型机及配

直接燃烧秸秆污染大，有害人体健康，国家规定禁止直接燃烧秸秆。

在中国，仅农作物秸秆技术可开发量就有6亿吨，其中除部分用于农村炊事取暖等生活用能、满足养殖业、秸秆还田和造纸需要之外，中国每年废弃的农作物秸秆约有1亿吨，折合标准煤5 000万吨。照此计算，预计到2020年，全国每年秸秆废弃量将达2亿吨以上，折合标准煤1亿吨相当于煤炭大省河南一年的产煤量。

我国农村的秸秆成型机

秸秆被压缩成生物质颗粒

套的燃烧设备。但国产成型加工设备在引进及设计制造过程中，都不同程度地存在技术和工艺上的问题，有待深入研究。

清洁的生物质气化发电

气化发电就是把生物质秸秆通过机械装置（如气化炉）转化为可燃气体，再燃烧可燃气体来推动发电设备发电。

由于把生物质内的可燃成分转换成了气体，相当于改变了燃料的形态，并提纯了燃料，这就好比烧木材和烧天然气一样，使用气体燃烧对设备的要求降低而燃烧效率并未降低。所以生物质气化发电是生物质最有效最洁净的利用方法之一。

从发电效率来看，秸秆直燃发电效率在30％～40％，而气化发电效率达到50％～60％，且燃烧清洁。与下文将要讲到的秸秆发酵沼气发电来比较，沼气发电受气候以及设备的限制，无法大型化，工厂化连续生产发电。因此，研究开发经济上可行、效率较高的生物质气化发电系统是我们这个农业大国有效利用生物质的关键。

5 变废为宝——沼气的利用

什么是沼气

沼气是有机物质（如秸秆、杂草、树叶、人畜粪便等废弃

物）在一定的温度、湿度、酸度条件下，隔绝空气（如用沼气池），经微生物作用（发酵）而产生的可燃性气体。沼气技术主要用于处理畜禽粪便和高浓度工业有机废水，所以在生物质能源丰富而能源短缺的农村和大型工业生产中运用十分有效。

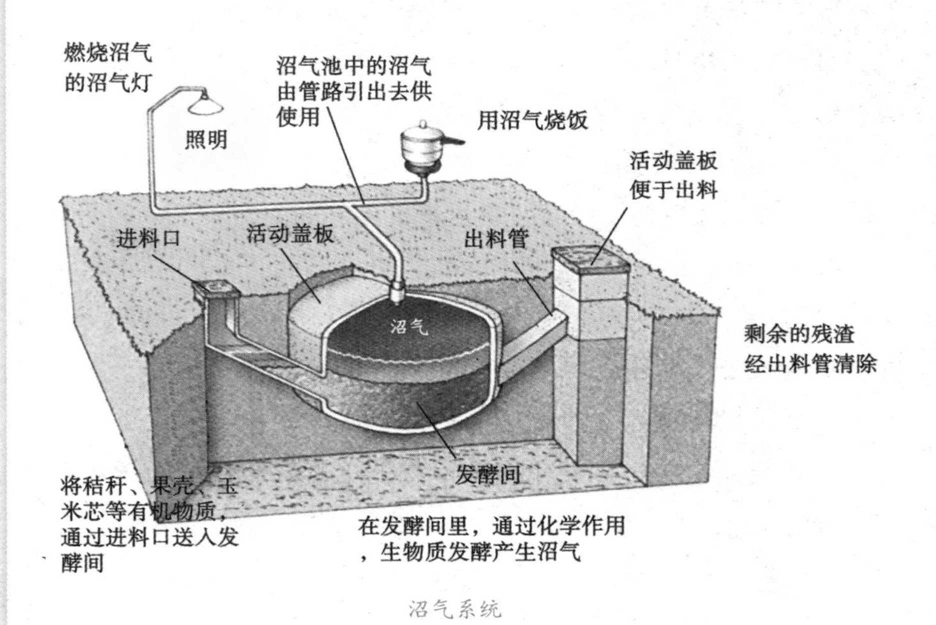

沼气系统

沼气是气体的混合物，其中含甲烷60％～70％，此外还含有二氧化碳、硫化氢、氮气和一氧化碳等。它含有少量硫化氢，所以略带臭味。沼气可以代替煤炭、薪柴用来煮饭、烧水，代替煤油用来点灯照明，还可以代替汽油开动内燃机以及发电等等，因此，沼气是一种值得开发的新能源。

农村大力提倡修建沼气池

不可小看的“沼气发电”

沼气发电是利用燃烧沼气来发电。农村以小型沼气发电为主，大型工业根据自己的工业生产具体境况而定。沼气发电可以变废为宝、减少温室气体的排放、减小环境污染、为农村地区能源利用开辟新途径。

现在很多工厂，主要是酒精厂、造纸厂、淀粉厂等的高浓有机污水在处理过程中都能产生大量的沼气，如果把这些沼气资源用来发电不仅可以把甲烷转化为二氧化碳排放掉还能带来很大的经济收益，如：四川荣县用酒糟废水经厌氧消化产生沼气发电，沼电能够基本满足该厂的生产用电；山东昌乐酒厂安装2台沼气发电机组，全年节约能源开支29万元，工程运行一年收回

全部成本。

2008年1月18日，蒙牛乳业集团的“蒙牛生物质能沼气发电厂”正式投入运行。据了解，蒙牛澳亚国际牧场现有存栏奶牛10 000头，新建成的沼气发电厂可实现日处理牛粪280吨、牛尿54吨和冲洗水360吨。该项目可日生产沼气1.2万立方米，日发电3万千瓦时，每年生产有机肥约20万吨。此项目投入运行后每年可向国家电网提供1 000万千瓦时的电力。

6 生物燃料——燃料乙醇和生物柴油

生物燃料是指由生物质经工艺提取的可燃的固体、液体或气体，现在应用最广泛的是生物燃料乙醇和生物柴油。现在我们的汽车都是利用烧油和烧气来提供动力，但是化石能源逐渐枯竭，生物燃料被认为是有效的替代燃料之一。

生物燃料乙醇

乙醇就是酒精，可用玉米、甘蔗、小麦、薯类、糖蜜等富含淀粉或纤维素的原料，经发酵、蒸馏而制成。酒精可分为工业酒精、食用酒精及医用酒精。工业用酒精约含乙醇96%，医用酒精含有75%的乙醇。含乙醇99.5%以上的酒精叫做无水酒精(乙醇)。燃料乙醇是通过对乙醇进一步脱水（使其含量达99.6%以上即无水酒精）再加上适量变性剂而制成的。经适当调和，燃料乙醇可以制成乙醇汽油、乙醇柴油、乙醇润滑油等用途广泛的工业燃料。

那么生物乙醇作为燃料有什么优点呢？生物燃料乙醇在燃烧过程中所排放的二氧化碳和含硫气体均低于汽油燃料所产生的对应排放物，使用含10%燃料乙醇的乙醇汽油，可使汽车尾气中一氧化碳排放量下降30%，二氧化碳的排放减少3.9%。此外，燃

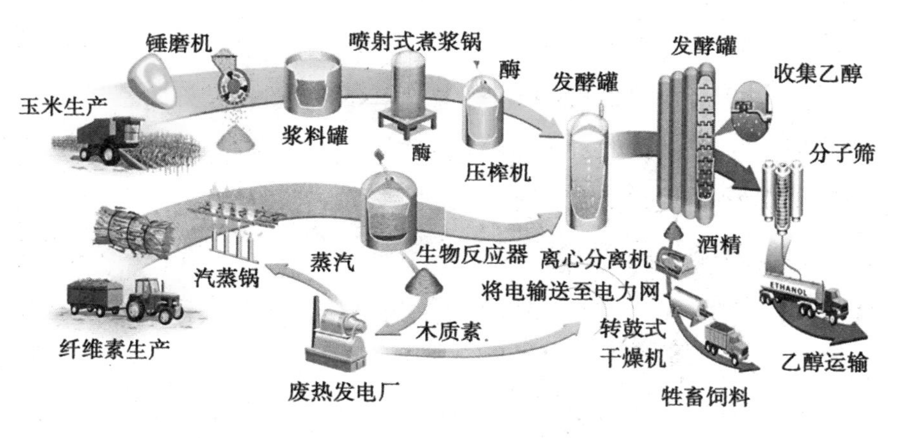

生物乙醇加工流程图

2008年初底特律车展中亮相的悍马HX车型，使用乙醇燃料的越野车

料乙醇燃烧所排放的二氧化碳和作为原料的生物源生长所消耗的二氧化碳在数量上基本持平，这对减少大气污染及抑制“温室效应”意义重大。其实早在20世纪初，乙醇就开始作为车用燃料，但后因石油的大规模、低成本开采而中断。目前，能源危机又再次把它推上了时代的议程，不容置疑，汽车业是生物燃料发展最大的受益者。

关于生物燃料乙醇我们还得讲讲粮食安全的问题。近年来全球粮价上涨，这让人们很自然地想到了靠粮食打主力的生物乙醇等燃料的生产，甚至有人直接认为，美国对于玉米乙醇的大力发展是造成目前全球粮食价格高涨的主要因素。人也要粮食，车也要粮食，这场被认为“人车争食”的斗争正在展开。

当然，各国对燃料乙醇的发展各持己见，各有侧重。美国前总统布什总统曾在一次演讲中称，他认为以15％的粮食价格上涨来换取生物燃料作为替代能源的长足进步是值得的，他鼓励

人车争食

玉米乙醇工业进一步扩大规模。此外其他各国都倾向于使用纤维素作为生物燃料的原材料，而不是把注意力全部集中在玉米和大豆上。新西兰尝试使用类似松树这些软木材作为生产乙醇燃料的原材料；加拿大、印度已经把发展纤维素乙醇作为主导方向；日本主要是利用微生物及不适合人类食用的植物生产乙醇。而我国生物乙醇主要原料为陈化粮和非粮食植物，基本上没有带来太大的困惑。不过无论如何，我们都应该未雨绸缪，用发展的眼光，科学的态度，结合自己的国情来开展新能源的开发和利用活动。

生物柴油

生物柴油是指以油料作物、野生油料植物和工程微藻等水生植物油脂以及动物油脂、餐饮垃圾油等为原料油通过工艺制成的可代替石化柴油的再生性柴油燃料。如下图所示：

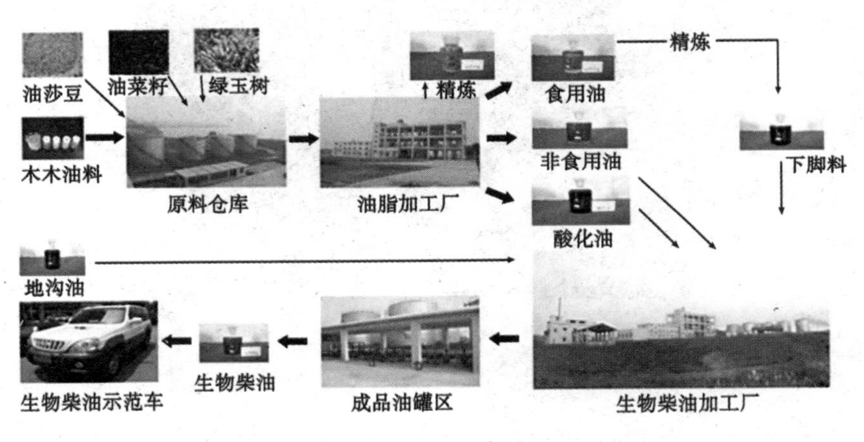

生物柴油转化流程示意图

柴油是许多大型车辆如公共汽车、内燃机车及农用汽车如拖拉机及发电机等的主要动力燃料，其具有动力大，价格便宜的优点。但柴油燃烧会“冒黑烟”，我们经常在马路上看到冒黑烟的卡车。冒黑烟主要是因为柴油燃烧不完全，产生大量的颗粒粉尘，CO_2排放量高，对空气污染严重。

生物柴油在运输、储存、使用方面都很安全，而且生物柴油硫含量低，二氧化硫和硫化物的排放量低，所以生物柴油是

一种优质清洁柴油。（生物柴油与传统柴油排放量比较见下图）。

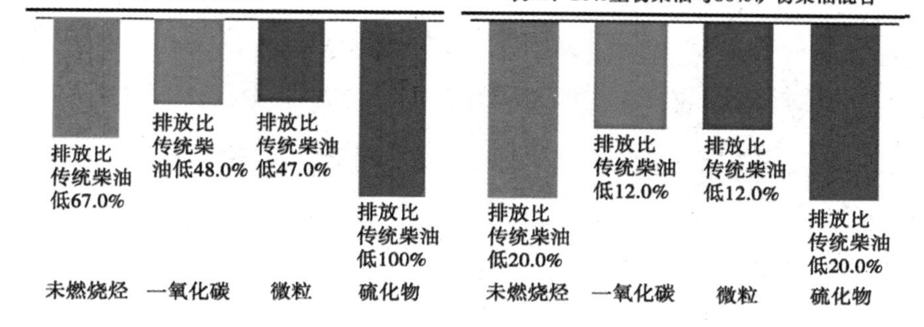

上表一是100%的生物柴油与传统柴油的排放量比较，表二是20%生物柴油与80%矿物柴油的混合生物柴油与传统柴油的排放量比较。图中可以看出无论是100%的生物柴油还是含20%的混合生物柴油都比传统柴油有优势，除此以外，较高含量的比较低含量的生物柴油排放的有害气体要少（资料来源：美国生物柴油协会NBB）。

在国外，生物柴油根据含量不同有不同的分类，如100%生物柴油、生物柴油与石油柴油等。国外同时制定了不同的柴油标准，如标准为B2、B5、B10、B20和B30的柴油。

关于生物柴油标准，它不仅包括如生物柴油的不同混比产品的标准，还包括氧化安定性的标准，生物柴油抗氧化添加剂的标准，生物柴油原料储存标准，油料作物采集、干燥、储存、榨油标准，隔油池垃圾的收集、运输、处理标准，生物柴油加工设备的设计规范和流程等一系列完备的标准体系。这些生物柴油标准的制定都为生物柴油的健康发展保驾护航。

由于我国一直没有自己完善的生物柴油标准，造成民营企业生产的生物柴油无法进入官方销售渠道。没有标准，生物柴油的质量处于混乱状态。许多人弄不清楚生物柴油的定义，有的甚至把地沟油和甲醇简单勾兑起来，有的把植物油直接混入柴油，结果使得柴油机积炭严重。2007年5月1日，由国家标准化委员会发布的B100生物柴油国家标准（简称国标）正式实施，这是我国生物柴油的第一个国家标准。以后将陆续制定其他的柴油标准。

第4篇

风能

1 风是一种能源

风是什么？风从哪儿来？风可以为我们做什么？

由于地面各处受太阳照射后气温变化不同和空气中水蒸气的含量不同，引起了各地气压的差异，使得高压空气向低压地区流动，就形成了风，简而言之，风就是流动着的空气。如同常常把流动着的水叫“水流”，流动着的电荷叫“电流”一样，我们也可以给风另外取个名字，叫“气流”。只是通常把地球表面这些小规模小强度的气流叫风而已。

就像把一片静止的树叶放到水流中，我们看到树叶会随着水流动起来一样，风也可以把它流动方向上的物体吹动，我们利用这样的原理来使风筝升上天。从能量的角度来讲，无论是流动的空气也好，流动的水也好，它们就具有了动能，这种动能就可以转换成其他的能量，如风筝的重力势能，风车的动能，水车的动能等等，所以风是一种能源。

从风的形成来看，只要有太阳，风就可以不断再生，风能属于可再生资源。风能资源很丰富，不会随着其本身的转化和人类的利用而日趋减少。与天然气、石油相比，风能不受价格的影响，也不存在枯竭的威胁；与煤相比，风能没有污染，是清洁的能源；最重要的是风能发电可以减少二氧化碳等有害排放物。

但是，风是一种动态形式，不能直接储存起来，只能转化成其他可以储存的能量才能储存或是转换成能直接为我们所用的能源。风能可以被转化成机械能、电能、热能等，以实现泵水灌溉、发电、供热、风帆助航等功能（如图）。而目前风能的主要利用是以风能作动力和风力发电两种形式，其中又以风力发电为主。

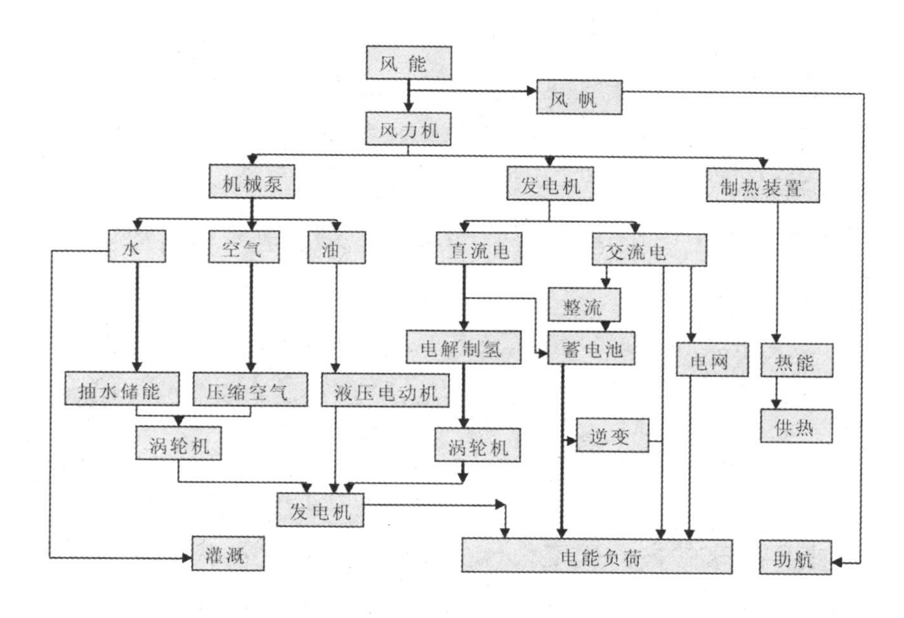

风能转换及利用情况

风能有它的优势，但也有它不足的地方。风能资源受地形的影响较大，世界风能资源多集中在沿海和开阔大陆的收缩地带，如美国的加利福尼亚州沿岸和北欧一些国家，中国的东南沿海、内蒙古、新疆和甘肃一带风能资源也很丰富。其次，风单位体积携载的能量小，对采集风能来进行转换的设备技术要

求高，花钱也比较多，这些正是我们利用风能需要去努力克服的因素。

2 了解风——风也可“量”

虽然风看似很难捉摸，其实它也是有一定规律可循的。从风能的特点看，了解各地的风能情况是有效利用风能的首要工作，下面给大家介绍几个和风相关的概念。

地球上某一地区风能资源的潜力是以该地的风能密度及可利用小时数来表示，在风能利用中，风速及风向是两个重要因素。风速与风向每日、每年都有一定的周期性变化，估算风能资源必须测量每日、每年的风速、风向，了解其变化的规律。

风 向

把风吹来的方向确定为风的方向。因此，风来自北方叫做北风，风来自南方叫做南风。当风向在某个方位左右摆动不能肯定时，则加以“偏”字，如偏北风。当风力很小时，则采用“风向不定”来说明，风向可以通过当地的风向标（如下图）来测量。

风向首先是与大气环流有关，此外与所处的地理位置（赤道或南北极的远近）、地球表面不同情况（海洋、陆地、山谷等）也有关。

测定风向的仪器之一为风向标，它一般离地面10～12米高，如果附近有障碍物，其安置高度至少要高出障碍物6米以上，并且指北的短棒要正对北方。风向箭头指在哪个方向，就表示当时刮什么方向的风。

为了表示某个方向的风出现的频率，通常用风向频率这个量，它是指一年(月)内某方向风出现的次数和各方向风出现的总次数的百分比。

风速

这里指的风速是一个平均值。其实我们都知道，通常自然风是一种平均风速与瞬间激烈变动的叠加，它不仅随时在变，而且同一地点不同高度的风速也有不同。风速还因夜晚或白天，季节不同等不同。但从平均效果看一般地面上夜间风弱，白天风强；高空中正相反；我国大部分地区春季风最强，冬季风次之，夏季最弱。当然也有部分地区例外，如沿海温州地区，夏

季季风最强，春季季风最弱。

风能资源

一般用气流在单位时间垂直通过单位面积的风的动能来描述风能，称该量为风功率密度或风能密度，它与风速的三次方和空气密度成正比关系，单位是瓦/平方米（W/m^2）。

中国风力资源十分丰富。根据有关资料，我国离地10 米高的风能资源总储量约32.26亿千瓦，近海可开发和利用的风能储量有7.5亿千瓦。

我国风能分布的主要地区有：

①三北(东北、华北、西北)地区包括东北三省、河北、内蒙古、甘肃、宁夏和新疆等省(自治区)近200公里宽的地带。风功率密度在$200W/m^2 \sim 300 W/m^2$。

②东南沿海及附近岛屿包括山东、江苏、上海、浙江、福建、广东、广西和海南等省(市)沿海近10公里宽的地带，年风功率密度在$200 W/m^2$以上。

③内陆个别地区由于湖泊和特殊地形的影响，形成一些风能丰富点，如鄱阳湖附近地区和湖北的九宫山和利川等地区。

④近海地区，我国东部沿海水深5米到20米的海域面积辽阔，按照与陆上风能资源同样的方法估测，10米高度可利用的风能资源约是陆上的3倍，即7亿多千瓦。

3 地球的翅膀——风车

当我们对风能及其分布有了一定的了解后，下一步，我们就要利用装置把风能转换成可储存的能量或者转换成可直接为我们所用的能量。风车就是这样诞生的。风车也称风力机，是将风能转化为机械能并作为动力替代人力和畜力，或者带动发电机发电的装置。

风车大多修建在沿海岛屿、平原牧区、山区等多风地带。当风吹来时，桨叶上产生的气动力驱动风轮转动，再通过传动装置带动机械运动，人们可利用风车来抽水灌溉、排水、碾米磨面、粉碎饲料、加工木材等。风能密度大的地方还可以建立大型风场，直接用于发电。

风车按照结构形式和空间布置，可分为水平轴风车和垂直轴风车。（如图）以水平轴式风车为例，风车一般由风轮、机头、机尾、回转体、塔架组成。根

水平轴风车

垂直轴风车

据风轮叶片的数目，风车分为少叶式和多叶式两种。少叶式有2～4个叶片，从正面看成垂直十字形，这类风车具有转速高、结构紧凑的特点，缺点是启动较为困难；多叶式一般有5～24个叶片，风轮呈车轮状，常用于年均风速较低的地区，这类风车容易启动，利用率较高，但因转速低，多用于直接驱动农牧业机械。

风力机的风轮与纸风车的转动原理大致一样， 当风沿着顺风的叶片经过时(如下图)，则叶片的弧形面的空气流动速度比叶片的平直面的空气流动速度快，根据物理上的伯努利原理，流

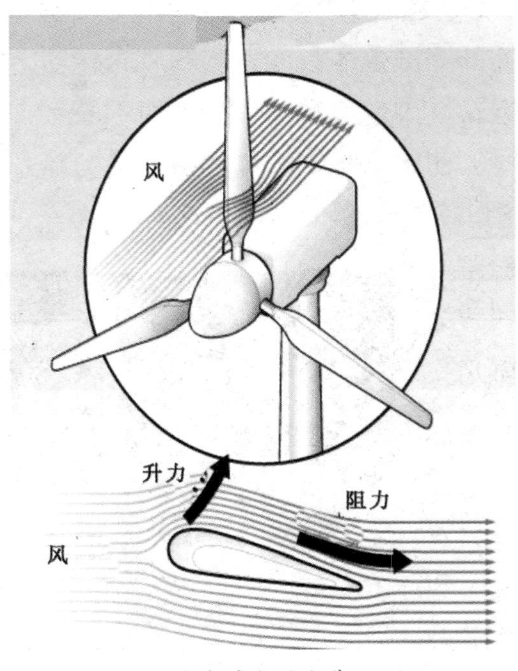

涡轮机空气动力学

速大的压强小，流速小的压强大的结论，则在叶片的两面就产生了压强差，这样就提供了一个动力，使得叶片开始转动。伯努利原理在生活中的应用是很多的。比如飞机上升靠空气对机翼的伯努利作用，离火车轨道较近的人会因为飞驰而过的火车而被吸进轨道，所以在站台要保持与轨道的距离。你可以马上拿两张纸平行放置，对准中间吹口气，看看纸会怎么动呢？

从风力机原理我们还可以看出只有当风垂直地吹向风轮转动面时，才能得到最大的能量，由于风向多变，因此还要有一种装置，使之在风向变化时，保证风轮跟着转动，自动对准风向，这就是风力机机尾的作用。

虽然风能利用受到当地风能资源的限制，但设计合理，结构优良的风力机直接决定了风能的转换效率。有人经讨论分析得出，3叶片的风力机无论从转换效率和审美都是最佳的，的确，这也是我们见得最多的。风力机的大量运用还在与发电机结合实现风力发电上，故风力机的优化与风力发电事业的发展密不可分。下面我们来了解一下风力发电。

风力发电就是通过风力机带动发电机发电。我们说过电能是每一种能源希望转换的二次能源，当然风能也不例外。

一个带发电功能的风力机（水平轴风车为例,如下页图）主

要由转子中心、发动机箱、转子叶片、塔架、转换器构成。当然发动机箱是发电的核心部分，它又由制动装置、高、低速转轴、变速箱、发电机构成。通过叶片将风能转换成转子中心转轴的动能后，经变速箱提高转速带动发电机发电。实际的发动机箱里还有电子控制装置，用于探测风向，并控制转子传到风能最大的方向。为了避免电力超载等系统故障，还安装了制动

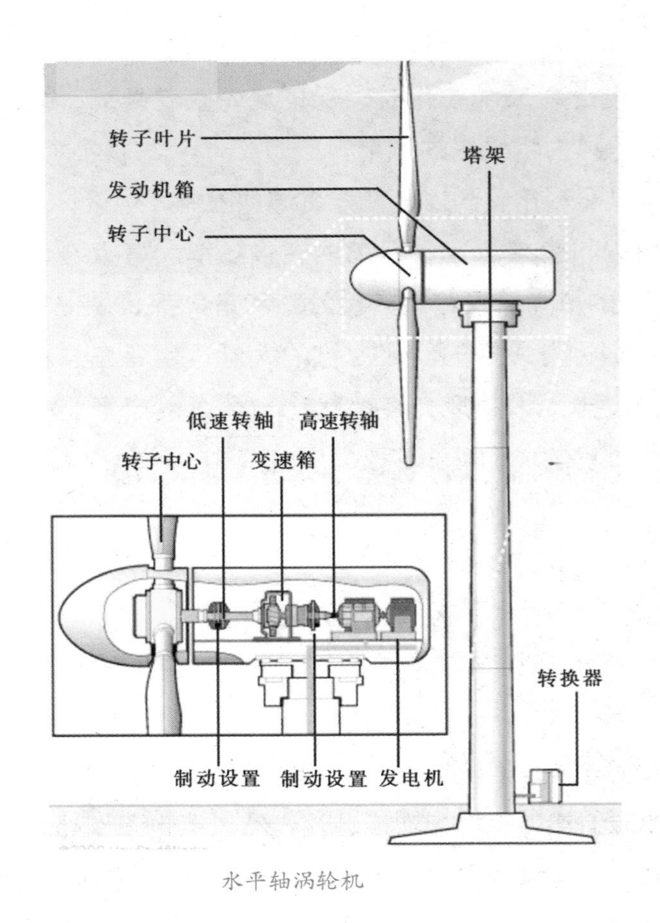

水平轴涡轮机

装置。而几十米高的塔架可以让整个系统升到更适合的采集风能的高度。一个适当规模的发电场是大量风力机的集合，这样转换的电能就不可小看了。

风力发电机组发出的电有两种供电方式：离网独立供电与并网供电。

在地处偏僻，居民分散的山区、牧区、海岛等电网延伸不到的地方，发展风能发电是解决照明等生活用电和部分生产用电的一条可行途径。根据具体情况，可采用一户一机、一机多户、多机多户等方式实现风能独立供电。

离网独立运行方式中一个重要的设备就是蓄电池，风力发电系统中常使用铅蓄电池，虽然储能效率较低，但是价格便宜，铅蓄电池的使用寿命为2～6年。

风力发电组的并网运行，是将发电机组发出的电送入电网，用电时再从电网把电取回来，这就解决了发电不连续及电压和频率不稳定等问题，并且从电网取回的电的质量是可靠的。电业部分规定发电量够一定规模（一般要求大于500千瓦）才能申请并网运行。

我们都知道海边的风一般比内陆的风大，这里我们必须得说说海上的风力发电。由于海上风能资源丰富，且受环境影响小等优点，海上风力发电已经成为风力发电的方向。世界海上风电场的开发主要集中在欧洲和美国。由于海上风力发电站的建设要求风力机具有防腐、防水等多方面的科技保证，海上风电场与电网联接的成本比陆地风电场要高，故是一个巨大的工程。

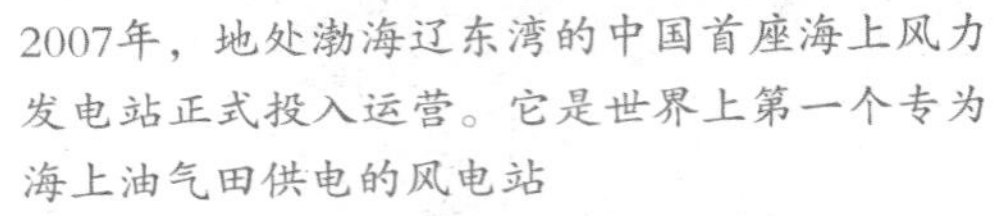

2007年，地处渤海辽东湾的中国首座海上风力发电站正式投入运营。它是世界上第一个专为海上油气田供电的风电站

日本漂浮式海上风力发电站

世界上第1台用于发电的风力机于1891年在丹麦建成，但由于技术和经济等方面原因，风力发电一直未能成为电网中的电源。直到1973年发生石油危机，美国、西欧等发达国家为寻求替代化石燃料的能源，投入大量经费，用新技术研制现代风力发电机组，20世纪80年代开始建立示范风电场，成为电网新电源。到了20世纪90年代对环境保护的要求日益严格，特别是要兑现减排CO_2等温室效应气体的承诺，风电的发展是法律规定收购再生能源发出的电量，且必须在电源中占一定比例；另外还有对风电投资的补贴、税收减免和鼓励电价。风电与常规电源的价差是用征收火电CO_2排放税，或从火电用户分摊再生能源发电份额中进行补偿的。可以看出虽然风电投入大，但它无疑是最环保的能源之一。

5 无处不在的风——风能的其他利用

风力提水

为解决农村、牧场的生活、灌溉和牲畜用水以解放劳力、节约能源，出现了风力提水。风力提水就是由风车提供动力带动水泵来提水，并把水用于草原、牧区，为人畜提供饮水或是用于农田灌溉、水产养殖等。风力提水机在我国用途广阔，如“黄淮河平原的盐碱改造工程”就可大规模采用风力提水机来改良土壤。

山东日照市岚山区黄墩镇草涧水库的风力提水工程

风帆助航

机动船舶发展的今天，为节约燃油和提高航速，古老的风帆助航也得到了发展。航运大国日本在万吨级货船上采用电脑控

制的风帆助航，节油率达15%。

风帆助航

风力致热

“风力致热”是将风能转换成热能。最简单的方法就是风力机带动搅拌器转动搅拌液体致热，还可以风力机带动液压泵，使液体加压后再从狭小的阻尼小孔中高速喷出而使工作液体加热；此外还有固体摩擦致热和涡电流致热等方法。随着人类对热能的需求，风车致热也得到了发展。

当然，风能还有很多的用途，只要我们了解了风能，掌握了转换技术，就不担心风从我们手中溜走。

第5篇

氢能

氢分子模型

氢在我们的化学书上是一种元素，用“H”来表示，氢也可以是一种物质，气态的氢就是氢气（H_2），小时候把气球里面装满氢气，气球就可以飘到天上去，因为氢气很轻。把气态的氢加压，就会液化成液态氢，当然如果条件够的话，也可以变成固态的。不过，在我们生活的自然界里，它是气态的。那么这种氢怎么就成了能源呢?

上了化学课我们就会知道，氢有这样的特点：可以燃烧，而且与氧气燃烧后主要生成物是水，且燃烧后产生的热量很高。实验表明每千克氢燃烧后的热量，约为汽油的3倍，酒精的3.9

倍，焦炭的4.5倍。看看之前我们介绍的新能源，以及现在的3大能源，无论是煤、石油、天然气还是生物质等都采用了燃烧作为主要的方式来实现能源转换，那么氢这么好的燃烧特性，当然是我们关注的对象了。

作为燃料，氢相对之前提到的燃料还有它独特的优势：与其他燃料相比氢燃烧时最清洁，除生成水和少量氮化氢外不会产生诸如一氧化碳、二氧化碳、碳氢化合物、铅化物和粉尘颗粒等对环境有害的污染物质，少量的氮化氢经过适当处理也不会污染环境，且燃烧生成的水还可继续制氢，反复循环使用。产物水无腐蚀性，对设备无损；使用氢燃料还可以去除内燃机噪声源和能源污染隐患，利用率高；氢减轻燃料自重，可增加运载工具有效荷载，降低运输成本，从全程效益考虑社会总效益优于其他能源。

原来氢这么有用，为什么没有早拿来用呢？其实自然界中不存在纯氢，它只能从其他化学物质中分解、分离得到，也就是需要技术加工，这就需要投入额外的能源和资金，往往可能投入大于回报，所以，在很早之前，氢就被用于一些高科技领域了。

1928年，德国齐柏林公司就利用氢的巨大浮力，制造了世界上第一艘“LZ—127齐柏林”号飞艇，首次把人们从德国运送到南美洲，实现了空中飞渡大西洋的航程。1957年前苏联宇航员加加林乘坐人造地球卫星遨游太空，1963年美国的宇宙飞船上天，紧接着的1968年阿波罗号飞船实现了人类首次登上月球的创举，这些太空探索的成功都离不开高效的氢燃料。我国

“两弹一星”中的液氢液氧研究，也是早期对氢能的利用。

随着能源危机的出现，对燃料环保度的要求，以及科学技术的高度发展，制氢、用氢不再只是高科技行业的专利，有效地开发利用氢能，建立可持续发展的氢经济已经被各国提到了日程上。作为社会的一员，让我们从氢的“出生”开始来好好认识一下氢能吧！

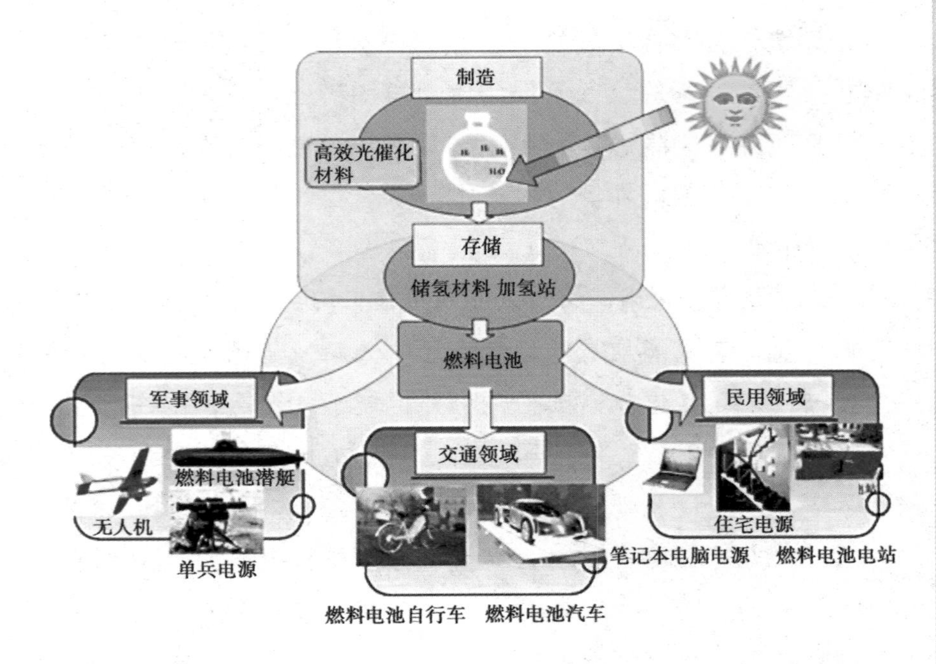

氢经济系统

1 “氢”从何来

氢能是一种二次能源，在人类生存的地球上，虽然氢是最丰富的元素，但自然纯氢的存在却很少很少。因此必须将含氢物质加工后方能得到氢气。最丰富的含氢物质是水（H_2O），其次就是各种矿物燃料（煤、石油、天然气）及各种生物质等。因此要开发利用这种理想的清洁能源，必须首先开发氢源，即研究开发各种制氢的方法。

制氢主要用什么原料，什么方法都是需要经过反复的科学研究来解决的。目前我们制氢的主要原料是天然气、石油、煤等化石燃料，但它们并不是最好的原料。首先它们是不可再生的一次能源，氢的获得不仅消耗掉了相当大的能源，而且效率低，且在其制取过程还对环境有污染。所以早前有人认为，这样制取氢，无疑是舍近求远，得不偿失，还不如直接利用这些化石能源的好。这也可能是目前氢能没有得到普遍推广应用的原因。不过随着化石能源的紧缺，随着各种新能源的推广，绿色能源的开发利用，以及环保意识的增强，我们正在寻找更利于环境保护的可再生的且有利于生态环境可持续发展的制氢原料，像生物制氢、水制氢以及一些废气制氢等。

从长远看以水为原料制取氢气是最有前途的方法，原料取之不尽，而且氢燃烧放出能量后又生成产物水，不造成环境污

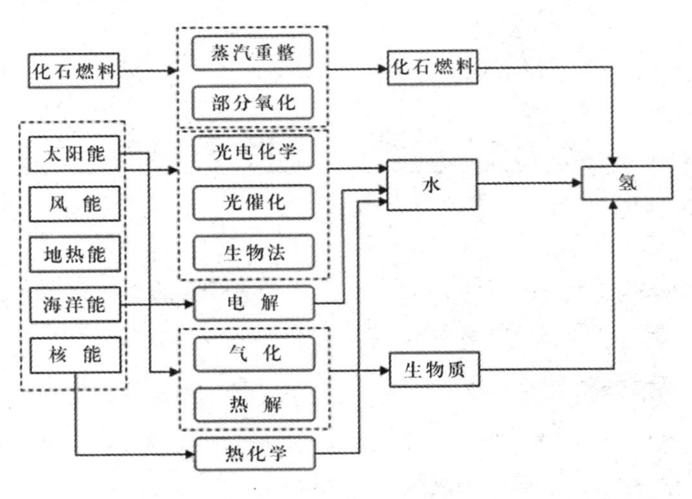

氢制备的原料和方法

染。水电解制氢是目前应用较广且比较成熟的方法之一。水为原料制氢过程就是氢与氧燃烧生成水的逆过程，因此只要提供一定的形式一定的能量，则可使水分解，如电解、光解和热解水。但无论提供何种能量来分解水，都需要消耗大量的能源，因此其应用受到一定的限制。寻找更经济、更高效、更合理的水制氢方法还在不断探索中。

目前，制氢的方法有很多（如上图），如蒸汽重整、电解制氢、热解制氢、光化制氢、等离子电化学法制氢和生物制氢等。除此以外各国科学家还在不断探索更经济实用的制氢方法，近年来已经取得了一些进展。如：用氧化亚铜做催化剂从水中制氢气、用钼的化合物从水中制氢气、用光催化剂反应和超声波照射把水完全分解的方法、陶瓷跟水反应制取氢气、甲

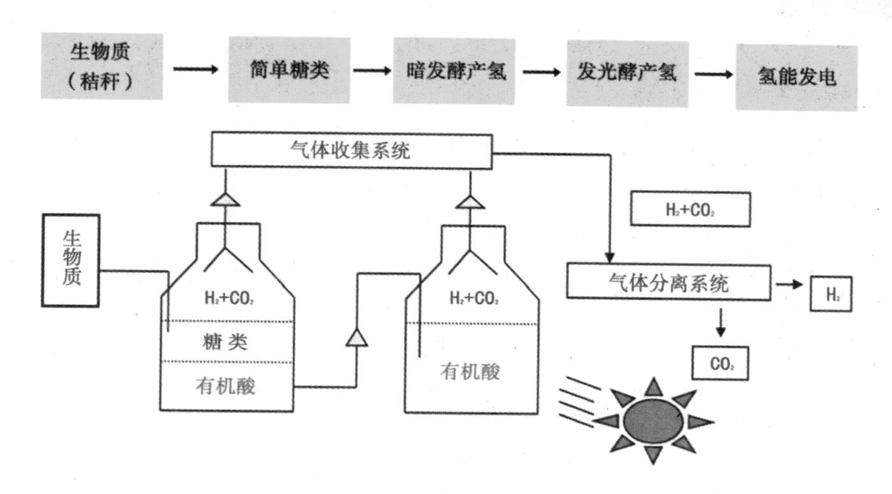

生物制氢的过程

烷制氢气，还有从微生物中提取的酶制氢气、用细菌制取氢气、用绿藻生产氢气等。

像微生物、细菌、绿藻等制氢都属于生物制氢的一种，自然界有着丰富的可再生的生物资源，所有生物制氢技术受到了各国的重视。通常生物制氢主要是通过将生物质原料如薪柴、锯末、麦秸、稻草等压制成型，在气化炉（或裂解炉）中进行气化或裂解反应可制得含氢燃料气（如上图）。

2 如何保存、输送氢

氢被制出来以后，就要把它储存起来，等要用的时候就拿来用。我们知道氢在一般条件下是以气态形式存在的，气态的氢

为贮存和运输带来一定的困难。储氢技术被认为是氢能应用的主要“瓶颈”之一。

氢气体积大，那就把它液化成液体吧！是的，这是很多气态物质的储存方法，像家用的液化罐。由物质状态变化过程知道，通过对物质降温和加压可以使气体物质液化。但只加压，不一定能使气体液化，应视当时气体是否在临界温度以下来看。那什么是临界温度呢？物质处于临界状态时的温度，称为“临界温度”，就是物质由气体向液体转换时的温度，也可以这样说，就是物体液态的最高温度。氢气的临界温度是零下239.9 ℃，所以这样看来，在地球通常的压强和温度下就仅仅对氢气加压而不降温来实现液化是不可能的。所以，纯氢的储存主要采用两种方式：高压气态储存、低温液化储存。

高压储氢罐

目前，高压气态储氢技术是最成熟的技术。国外采用复合材料轻质储氢罐储氢，储氢压力可达到35兆帕，美国、日本和欧盟已成功地应用于燃料电池客车示范运行中。最近，70兆帕储氢罐正在实验中。中国已研制出40兆帕储氢罐样品。采用低温储罐储存液氢，其体积储氢密度比高压储氢高。宝

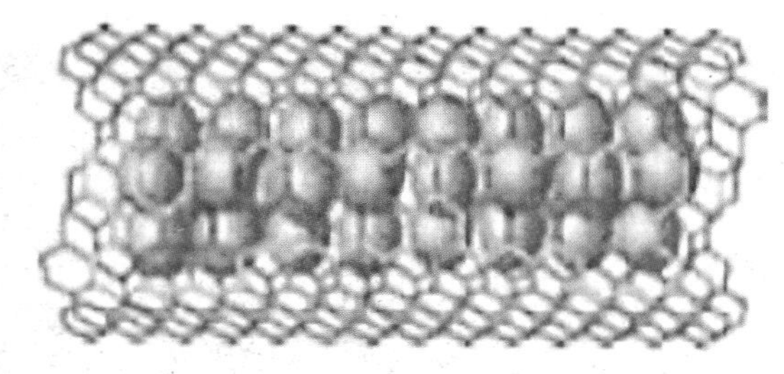

固态储氢：氢化物

马公司以此为氢源，用于燃料电池车上。它的主要缺点是：在氢气液化过程中耗费了约30％的能量，同时液氢蒸发造成氢的损失也带来了安全隐患，大大降低了液氢储氢的实用性。

总的来说，上面两种储氢方式都有不足。于是科学家们就打开思路将氢固定在固态的金属化合物和碳质材料中，于是产生了金属氢化物储存、碳质材料储存的技术。这种技术使氢原子进入金属价键结构，形成氢化物，使用时对氢化物加以特定条件（如加热）后将氢释放出来（如上图）。固态储氢单位体积储氢量远大于高压气体或液体储氢，它被认为是移动储氢最好的解决方法。虽然已有2 000多种元素、金属间化合物和合金可以形成氢化物，然而，目前还没有找到可以满足车载储氢要求的材料。目前发现的一些新材料如铝氢化物、硼氢化物和酰亚胺等理论储氢量都相当高，希望将来可带来固态储氢技术的新突破。

氢的输送可分为气态氢输送、液氢输送和固态氢输送。其中气态氢输送和液氢输送是目前正在使用的两种输氢方式。和储氢需要考虑的一样，除了氢状态的考虑，还有就是运输材料

中国航天的液氢输运车

和设备的问题了。在技术上，氢气管道网络的安装和维护与天然气管道有很大的相似性，但在价格上氢管道由于材料要求所以花费较大。地面运输液氢主要受限于目前用于运输氢气车辆的运载能力。最大的液氢运输车辆一次仅能运送3.6吨氢气，而汽油运输车辆一次可运送30吨燃料。故地面运送氢气的成本很高。

3 氢燃料和燃料电池

所有制氢、储氢、输氢的工作都是为了用氢作准备，那么氢能有哪些突出的用途呢?

以纯氢或氢混合物为燃料直接燃烧是现阶段氢能的主要使用方式之一。

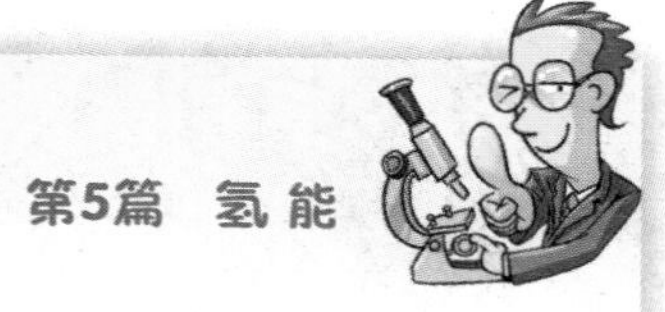

通常直接燃烧纯氢气，其火焰温度超过2 000 ℃，一般的设备很难承受，氢火焰没有颜色，容易烧伤人，给使用带来不便，纯氢直接燃烧实用较少。但是，如果将氢按一定比例添加到天然气、汽油中作为民用生活燃料或汽车燃料，不必改变用户的任何设备，就能使氢大有用武之地。氢——天然气、氢——汽油、氢——柴油等混合燃料，因排放污染物少，成本低廉，易于推广，也很适合我国的国情。

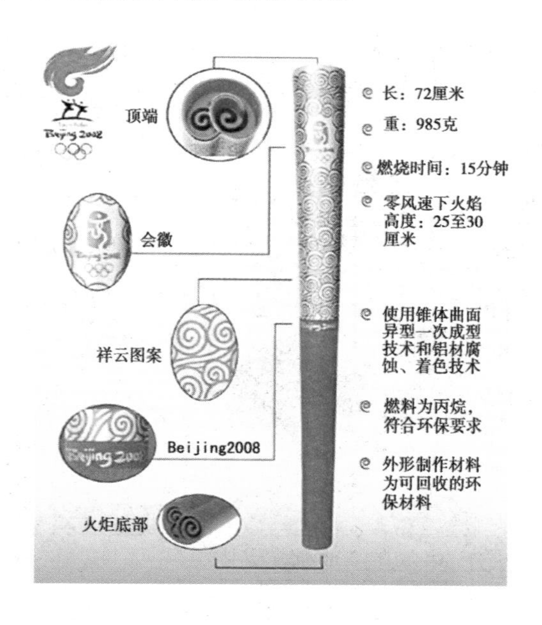

添加氢的奥运"祥云"火炬。"祥云"长72厘米，重985克，使用燃料为丙烷，这是一种价格低廉的常用燃料。其主要成分是碳和氢，燃烧后只有二氧化碳和水，没有其他物质，不会对环境造成污染。燃烧时间超过15分钟，能在每小时65千米的强风和每小时50毫米雨量的情况下保持燃烧。火焰高度25至30厘米，在强光和日光情况下均可识别和拍摄。

氢能应用的另一个非常重要的方式就是氢燃料电池。

千万不要觉得氢燃料和氢燃料电池是一回事，实际上它们有很大的区别。氢作为燃料直接点燃通过热能转换成其他我们所需的能量，而燃料电池是把氢气和氧化剂输入有某种电解质的物质中就可以通过化学反应生成电能的装置。由于它和直接燃烧一样都需要氢气和氧化剂（如氧气等），所以仍称为燃料，它从外表上看有正负极和电解质等，像一个蓄电池，但实质上它不能“储电”而是一个“发电厂”。下面我们来看看燃料电池的组成以及如何工作。

燃料电池的典型结构就是层叠电池单元的“堆”，一个堆可以包含多个单独的燃料单元(如左图)。而每个单元的基本结构与电解水的装置相类似，包含2个正负电极(阳极和阴极)，电解质以及催化剂。阳极为氢电极，阴极为氧电极，阳极和阴极上都含有一定量的催化剂，目的是用来加速电极上发生的电化学反应。

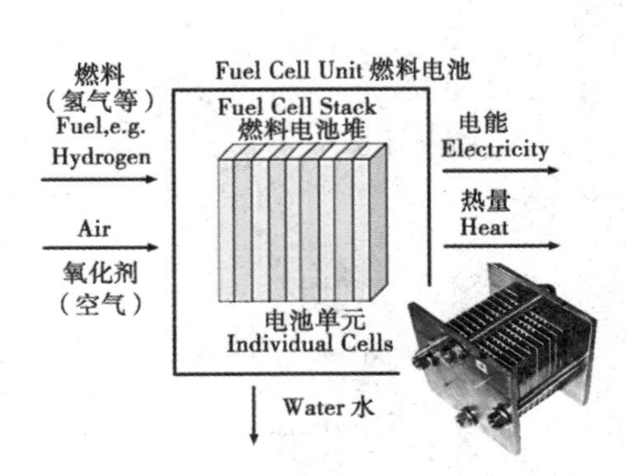

以氢氧反应为例，在阴极催化剂的作用下，一个氢分子分解成2个氢离子，同时释放出2个电子，由于阻隔膜对电子的过滤作用，电子无法通过电解质只能绕行，从而形成电流。而氢离子可以顺利通过电解质达到阴极和空气中的氧原子反应生成水(如上图)。燃料电池的燃料可以是氢气H_2、甲烷CH_4等，氧化剂一般是氧气或空气，电解质可为水溶液（H_2SO_4、H_3PO_4、NaOH

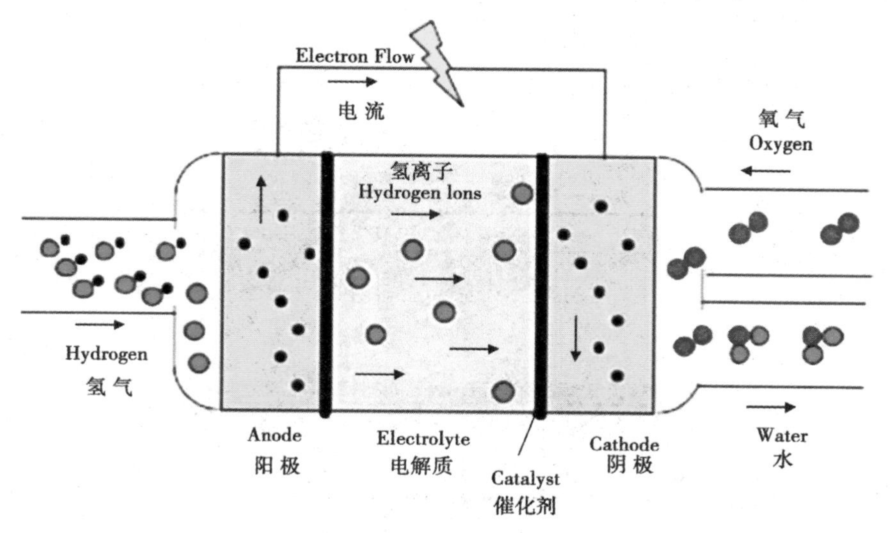

等）、熔融盐（Na_2CO_3、K_2CO_3）、固体聚合物、固体氧化物等。

按电解质划分，燃料电池分为五类：碱性燃料电池（AFC）、质子交换膜燃料电池（PEM）、磷酸型燃料电池（PAFC）、熔融碳酸盐燃料电池（MCFC）、固体氧化物燃料电池（SOFC）等。其中质子交换膜燃料电池是应用最广泛的燃料电池。

下面的图和表给出了它们各自的工作过程和特性比较。

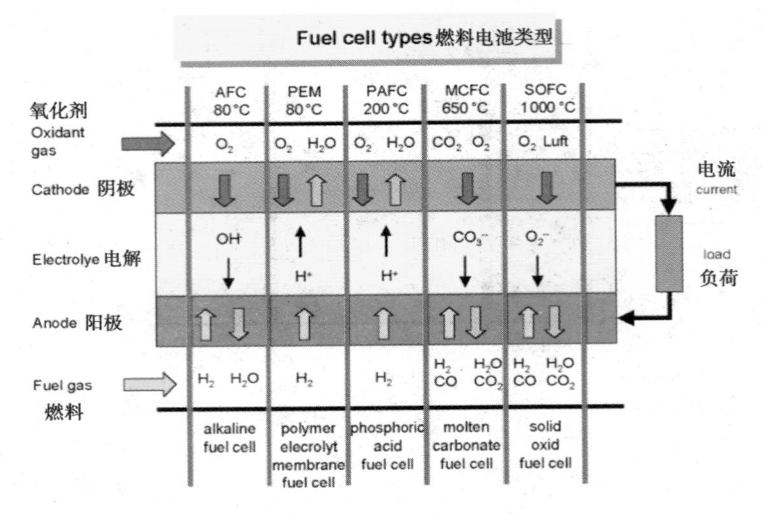

各种燃料电池及其各自不同的燃料、氧化剂和工作过程

表1 各种燃料电池的技术性能参数

燃料电池的类型	碱性燃料电池	磷酸燃料电池	熔融碳酸盐燃料电池	固体氧化物燃料电池	质子交换膜燃料电池
简 称	AFC	PAFC	MCFC	SOFC	PEMFC
电解质	KOH	磷 酸	Li_2CO_2 K_2CO_2	YSZ	含氟质子膜
电解质形态	液 体	液 体	液 体	固 体	固 体
阳 极	Pt / Ni	Pt / C	Ni / Al 、Ni / Cr	Ni / YSZ	Pt / C
阴 极	Pt / Ag	Pt / C	Li / NiO	Sr / $LaMnO_3$	Pt / C
工作温度(℃)	50~200	150~220	约650	900~1050	60~80
启动时间	几分钟	几分钟	>10 min	>10 min	<5 s
应 用	航天，机动车	洁净电站，轻便电源	洁净电站	洁净电站,联合循环发电	机动车，洁净电站，潜艇，便携电源，航天

4 燃料电池带来的革命

由于燃料电池的发现，不仅使得氢能利用前景广阔，同时燃料电池也在不断地改变着我们的生活。使用燃料电池有什么优点呢？总的来说，它具有以下特点：

①能量转化效率高，它直接将燃料的化学能转化为电能，中间不经过燃烧过程，不受一般热循环规律限制，其电能转换效率达45%～60%，高于30%～40%的火力发电和核电的效率；

②有害气体硫化物及噪音排放都很低，且无机械振动；

③燃料适用范围广；

④规模小及安装地点灵活，燃料电池或电站占地面积小，无论作为集中电站还是分布式电站，或是作为小区、工厂、大型建筑的独立电站都非常合适，当然特别适合移动式供电；

⑤燃料电池在数秒钟内就可以从最低功率变换到额定功率，而且电厂离负荷可以很近，减少了输变线路投资和线路损失。

氢燃料电池正以自己独特的优势给生活带来一场革命。

不可否认，氢经济的最大获益者是汽车工业。汽车工业不仅是世界能源消耗大户，也是污染大户。除以氢为燃料提供动力外，把燃料电池直接用于汽车，则是对传统汽车内燃机动力系统的一次彻底颠覆。一个是将燃烧的热能转换为动力的内燃机系统，一个是直接用电力转换为动力的氢燃料电池系统。如

果说汽车工业的前100年是内燃机的天下，那么今后将是燃料电池的舞台。据估计，目前，全球有600～800辆各式各样的燃料电池车正在试验中（如下页图），有近百座氢燃料加注站投入运转。

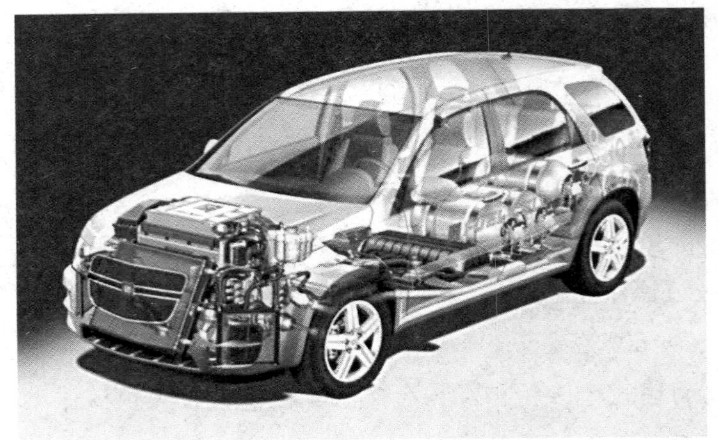

通用汽车燃料电池车

但是也有人认为汽车企业对待燃料电池车不可不谨慎从事。传统汽车的内燃发动机经历了一个世纪的锤炼，在动力性能、稳定和安全等方面已经相当成熟，固有的优势不可小看。燃料电池汽车的全新动力系统，其设计几乎是从零开始，要想与传统汽车试比高，仍需付出相当的努力。除此之外，科研人员还要解决氢独有的问题。其中一个是氢储存技术，另一个问题是配送：如果没有很多“加氢站”使补充燃料很方便，人们就不会大量购买氢动力车；但如果氢动力车的市场需求没有到一定的规模，发展商肯定不乐意花大笔钱去建设加氢站的网络。这

清华大学自主研发的城市客车在05—07年的北京国际马拉松赛中护航

2008年，中国自主研制的氢燃料电池轿车在奥运会中投入运营

是一个鸡与蛋的悖论。不过逐渐解决的方法仍是有的。比如美国研究提出，可以利用现成的传统加油站，先用改造型的天然气来产生氢。燃料电池可以先用在公共汽车和通勤班车等有固定线路的车上，它们白天运营，晚上回到中心调度站去加氢，目前世界各地的燃料电池汽车运行试点大多是这种模式。

另一方面，燃料电池以其体积小、能效高、环保等优点也成为了电子产品的新宠。笔记本电脑和手机等电子产品功能越来越复杂、能耗也越来越高，它们现在使用的电池已经十分昂贵，因此如果一块新型电池能使笔记本电脑持续工作一天而不是两三小时就耗尽能量，消费者应该不会介意多付一些钱。日

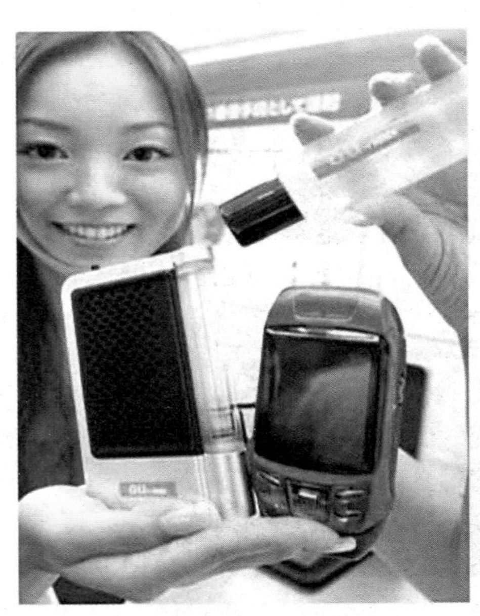

日本的宣传人员展示了一种手机燃料电池

日本NEC生产燃料电池手机

东芝展示的燃料电池笔记本

本东芝公司已经制造出专供笔记本电脑的小型燃料电池，这种重900克的电池以甲醇为制备氢的原料，50毫升甲醇可使电脑连续工作 5 小时，补充甲醇可以使之运行更久。日本和韩国的其他大型电子企业也在加紧开发这类技术，预期四五年后，全世界装备燃料电池的笔记本电脑将突破100万台。

除此之外，供电、供热是燃料电池的另一大消费市场。虽然燃料电池还存在如成本较高、技术工艺方面的问题，但我们相信，随着材料科学和系统工程的不断发展，燃料电池必将成为未来的能源之星。

5 氢能安全

氢经济的蓝图我们已经绘制得很美好了，可是还有一个不容忽视的问题，就是关于氢能安全的问题。

氢在使用和储运中是否安全呢？有些人认为，氢的独特物理性质决定了其不同于其他燃料的安全性问题，如更宽的着火范围、更低的着火点、更容易泄漏、更高的火焰传播速度、更容易爆炸等，那么是这样吗？

首先，氢的扩散性比天然气高四倍，比汽油蒸气的挥发性高十二倍，即使氢泄漏后也会很快从现场散发。其次，如果点燃，氢会很快产生不发光的火焰，在一定距离外不易对人造成伤害，散发的辐射热仅及碳氢化合物的十分之一，燃烧时比汽

油温度低7%。虽然氢爆炸的可能性比上限高出四倍，但引爆需要至少两倍于天然气的氢混合物。氢易燃，但是和天然气不同，即使在建筑物中，氢泄漏遇到火源更可能是燃烧而不是爆炸。因为氢燃烧的浓度大大低于爆炸底限，而着火所需要的最小浓度比汽油蒸汽高四倍。简言之，极大多数情况下，如果点燃的话，氢气泄漏只会造成燃烧，而不会爆炸。

不过，我们还是必须关注使用氢时应注意的三个问题：一是由于氢气太轻，燃烧获得相同能量的体积较大，比如获得1千卡的热量需要390升氢气，是石油的4 000倍，即使用液态氢，体积仍然很大，占车内空间太多。二是氢燃料“逃逸”率高，即使是用真空密封燃料箱，也以每24小时2%的速率“逃逸”；而汽油的一般是每个月才1%。三是加氢燃料比较危险，也很费时，一般需要1个小时，而且液氢温度太低，只要一滴掉在手上就会发生严重冻伤。

所以，在氢能开发利用的各个环节都必须从氢本身的特点出发，才能做到真正合理、有效、经济、安全地使用氢能。

第6篇

核能

1 肉眼看不到的世界

“核”是原子核的意思，原子核是什么呢？它是构成物质的微粒。科学家告诉我们物质是由分子构成，分子是由原子构成，原子是由原子核和核外带负电的电子构成（如图：水的构成），而再往下，原子核又是由带正电荷的质子和不带电的中子构成，再往下呢，还有夸克等等。没有哪个人可以很肯定地说，“哦！我找到了物质组成的最小单元。”因为这个问题就像问“宇宙的边界在哪里?”一样没有答案，但科学家正在努力

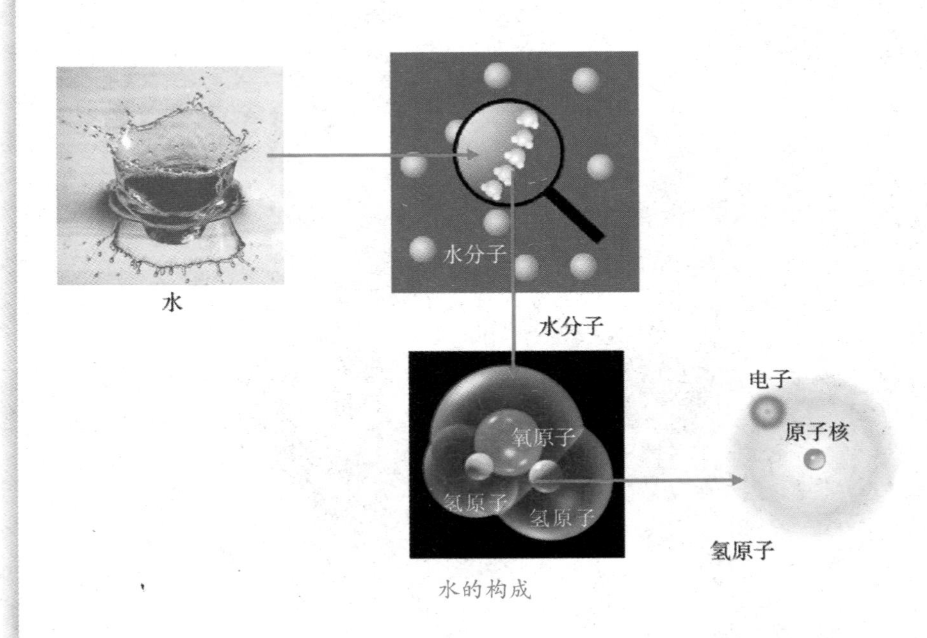

水的构成

寻找物质组成的最小微粒。

通常我们把这些像分子、原子、质子、中子、电子、夸克等肉眼看不到的小粒子统称为微观粒子。现在发现和命名的微观粒子有很多很多，如中微子、玻色子、π介子、强子等等。别小看微观世界的这些粒子，它们平时看上去很文静，可是适当的时候它们爆发的能量大得惊人。

2 静止而又运动着

看看我们身边的每一样东西，其实里面充满了微观粒子，肉眼看上去静止的宏观物质，组成它的粒子也是静止的吗？其实

布朗运动实验

不然。

物理上著名的布朗运动可以说明这一点，我们也可以来做个类似的布朗运动实验：把墨汁用水稀释后取出一滴放在显微镜下观察，可以看到悬浮在液体中的小碳粒不停地做无规则的运动，而且碳粒越小，这种运动越明显。因为大量的液体分子不停地做运动，就会碰撞墨汁的碳微粒，使得碳微粒不停运动。这就好比在十分拥挤的人群里，人群中的一个人会被推来推去一样。这些悬浮颗粒（如碳粒）的无规则运动叫布朗运动，只不过当时布朗用的是花粉颗粒。布朗运动可以间接反应组成物质的分子在不停地做杂乱无章的运动。

物质有固体、液体、气体三种形态，分子之间的距离从固体到气体依次增大。气体可以到处飘，可以认为是分子运动的结果，液体可以流动也可以解释为分子的运动，而固体呢？既不能飘也不能流。为什么物质分子都在不停运动但是不同形态有不同的运动结果呢？

原来组成物质的分子与分子之间存在相互作用力，这种力量很奇妙，当分子间距离大到一定时（如气体分子间距离），作用力就非常小了；当减小距离（如液体和固体分子间距）分子间就有相互的吸引力，这个力量使得物质分子不易脱离物质这个整体，而且距离较小分子就越不能挣脱，所以固体没有液体容易形变。这个道理就好比一群人站得很开，人与人之间没有约束，其中一个人就可以到处运动；而让这群人手牵手，那么其中一个人只能在一定范围内运动，如果叫这群人紧紧抱一团，那这个人就几乎不能动弹了。

这样看来物质本身是有能量的，起码有分子运动所具有的动能和相互吸引所具有的势能。我们知道物质从固体到液体到气体都与热量和温度有关，这正反映出能量的关系，分子吸收热能转化成自己的动能，运动剧烈就可以克服分子束缚由固体变成液体，或从液体变成气体了。也就是说，分子与分子想分开就需要能量，而反之，当减小分子间的距离使物质从气体变到液态或固态，这个过程就可以释放能量。在冬天经常看到，室内的水蒸气与较冷的窗玻璃接触，水蒸气的能量以热量的形式释放并被玻璃吸收，气态的水就成了窗玻璃上的水滴了。物质分子分开和压紧引起的物质状态变化包含着能量的转变。

3 分分合合中的能量

分子间的微观关系让我们浮想联翩，其实有更多的微观关系也是类似的。

譬如说组成分子的原子与原子的关系，我们也可以通过某种方式打开每一个组成物质的分子再形成另一种物质。打开分子，这同克服分子间的作用力一样我们需要能量去打开化学键，即连接原子与原子之间的相互作用力。一般我们把这样的实现归为化学学科的知识，如把水（H_2O）分解成氢气（H_2）和氧气（O_2）的化学过程，打开化学键需要额外的能量，像之前提到的电解水、光解水，但是反之，让氢气（H_2）和氧气（O_2）结

合（燃烧）生成水（H_2O）的同时也给我们带来足够的热能。

一般情况下，一种原子（或元素）定性是通过看原子核具有多少个质子，比如说氢的原子核里面有1个质子，那么有1个质子的原子就叫氢了。我们知道原子核是由质子和中子构成，这样就可能出现质子数相同但中子数不同的原子，如自然界存在只有1个质子的氢，也有1个质子1个中子的氢，还有1个质子2个中子的氢，为了区别它们就叫做氢的同位素，分别给它们又取的名字为氕（^1_1H）、氘（^2_1H）、氚（^3_1H）。

原来人们从来没有想到过要不要把这些固定质子数的原子核拿来分或合，比如说用两个氢原子核合成一个氦原子核，或者把一个氦原子核分成两个氢原子核。那是因为在自然界中这样发生的具体实例几乎没有，也许它只能这样存在吧。

我们知道科学研究离不开科学事实，水随温度的状态变化让我们研究出了液化、气化和凝固等科学规律；物质燃烧等现象让我们得到分子合成可以释放能量。没有科学事实无从入手。直到有一天放射性现象的发现才打开了探索原子奥秘的大门。的确，原子核可以打开或是重组，虽然条件很苛刻，但是人们还是把它实现了。而且更让我们惊讶的是，这样分分合合中的能量远比通过改变分子间距实现状态变化中的能量和打开分子重组的化学反应中的能量大很多很多，后来我们把原子核变化过程中释放的能量就叫做“核能”。

把上面关于分分合合的理论用科学家的话来表述就是：任何两个物体吸引在一起时都要释放能量，而且吸引力越强，释放的能量就越多。反之分开就需要能量。

可以做这样一个实验（如下图所示）：当把两块小磁铁的不同磁极靠近，放手后我们会发现由于磁力吸引它们靠在了一起，而且还发出了声音。从能量的角度看，这个过程中发出的声音就是一种能量，即两块磁铁吸引在一起时会释放出能量来。

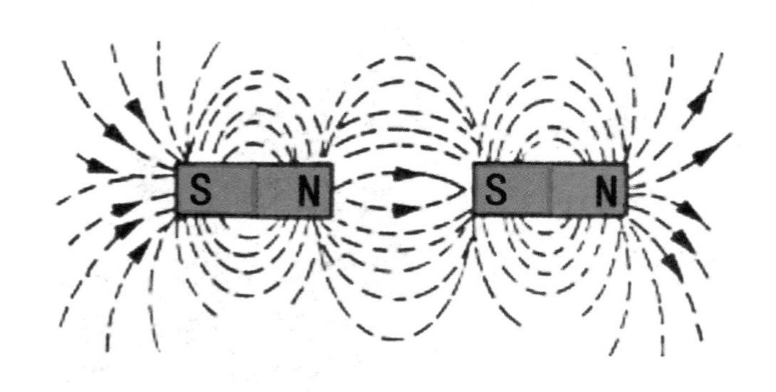

4　走近核能

有了前面的铺垫，我们再来看核能就没有那么高深莫测了。

广义上的核能应该是指所有原子核内部蕴含的，并通过反应装置获得的能量。不过，蕴含能量越大，释放所需要的条件就越苛刻，人类仅对可实现和有希望实现的原子核进行了研究，还有大量原子核没有涉足。所以狭义的核能是目前常规的核裂变能和核聚变能的统称。其中核裂变主要是指质子数较大的重原子的裂变，而聚变主要是质子数小的氢原子核的聚变过程。

裂就是分，聚就是合。

1905年，爱因斯坦提出了著名的质能方程，由此得到$\Delta E=\Delta mC^2$的关系，即如果一个物体或物体系统的能量有ΔE的变化，则无论能量的形式如何，其质量必有如上式关系中Δm

的改变，反之亦然，C代表光速。这就是我们理论上计算核反应过程中释放出的核能多少的公式。比如说两个氘核（^2_1H）聚变成为氦核（^4_2He），其反应是：$^2_1H+^2_1H\rightarrow^4_2He$，由计算可知一个氦核比两个氘核的质量轻$\Delta m=4.3\times10^{-29}$ kg（千克），那么反应释放的能量就有$\Delta E=\Delta mC^2$=24 MeV（兆电子伏特，1 eV=1.6×10^{-19} J）。再加上由于氘核本身轻，1克里面有约10^{23}数量级个氘核，那么1克氘的聚变能就有5.8×10^{11} J，折算成1.6×10^5度电。如果一家人每月用100度电，一年就1 200度，这1克氘就可以用一辈子了！

目前，人类对核裂变能的应用已经非常成熟，原子弹、核电站、核潜艇等都是裂变能应用的成功例子，下节中将详细地阐述其原理和应用。然而核聚变能的应用仍然需要人类付出巨大

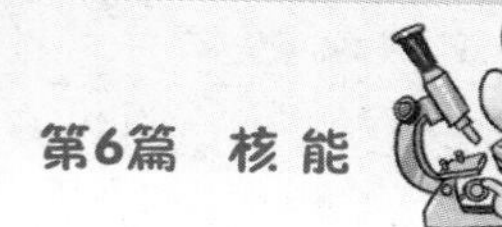

努力才可能实现。怎样应用聚变能是目前世界性的科学难题，虽然经过数十年的努力和多国科学家的联合攻关，现在的进展仍不大。

5 原子核的裂变

核裂变是一个重原子核分裂成两个或多个较轻原子核的过程。重原子核主要是指铀或钚。原子核在发生核裂变时释放的即为核裂变能。1千克铀-235的全部核的裂变将产生20 000兆瓦小时的能量(足以让20兆瓦的发电站运转1 000小时)，与燃烧300万吨煤释放的能量一样多。

核裂变分为自发核裂变与诱发核裂变。

一些重原子核，典型的有铀-235（$^{235}_{92}U$）和钚-239（$^{239}_{94}Pu$），可以在没有外界影响的情况下自发地分裂成两个或三个中等质量的原子核，同时释放2至3个中子。这种裂变叫自发核裂变。不过这种自发核裂变发生的概率很小，大约每10个铀-235核在12年时间内有5个核发生裂变。

但几乎所有的重原子核，如铀-235、铀-238（铀的一种同位素）以及钚-239等，在中子的轰击下都发生裂变，同时释放2~3个中子。这种裂变叫中子诱发核裂变（如下图）。

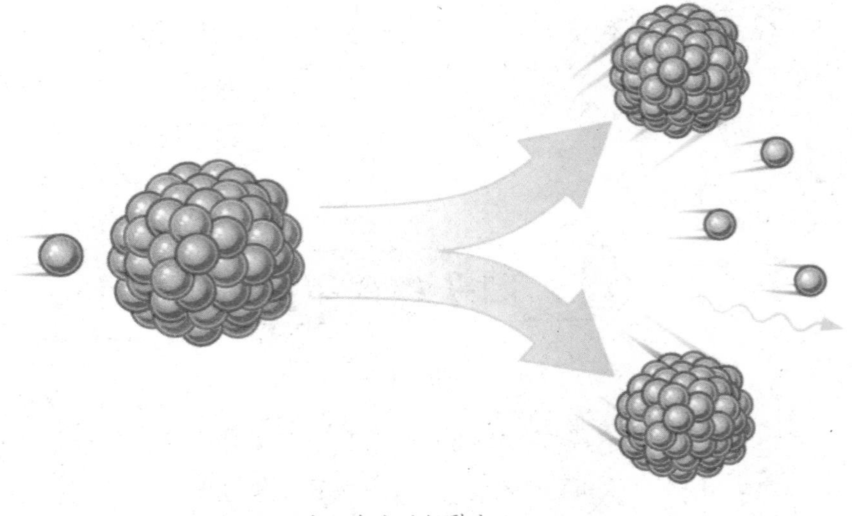

中子轰击的核裂变

图中可以看出一个中子轰击重核后又生成了3个中子，其实每个重核裂变时都会产生2~3个中子，这些中子又会轰击2~3个没有裂变的重核而释放出4~9个中子，这样像滚雪球一样，核裂变就持续发生下去从而形成链式（连锁）核反应（见下图）。如果每次裂变产生的中子不从重核材料中逃逸出去，它们将在极短的时间内导致大量重核发生裂变，瞬间释放巨大的裂变能量——即核爆炸。这就是原子弹的爆炸原理（见下图）。

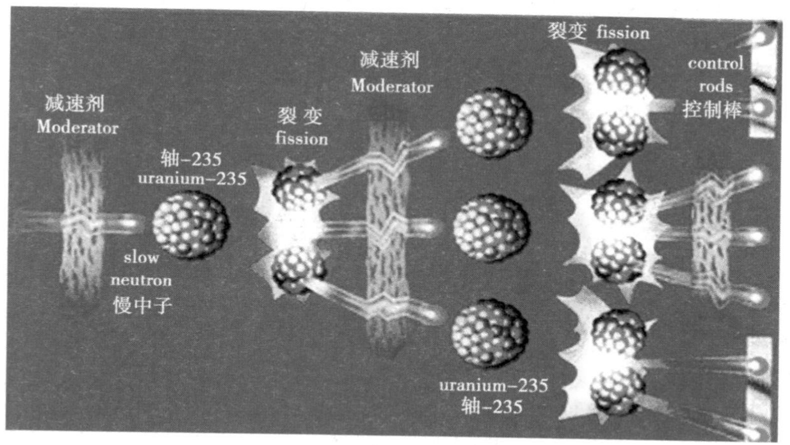
裂变 fission
减速剂
Moderator
control
rods
控制棒
减速剂
Moderator
裂 变
fission
轴-235
uranium-235
slow
neutron
慢中子
uranium-235
轴-235

铀的链式核反应

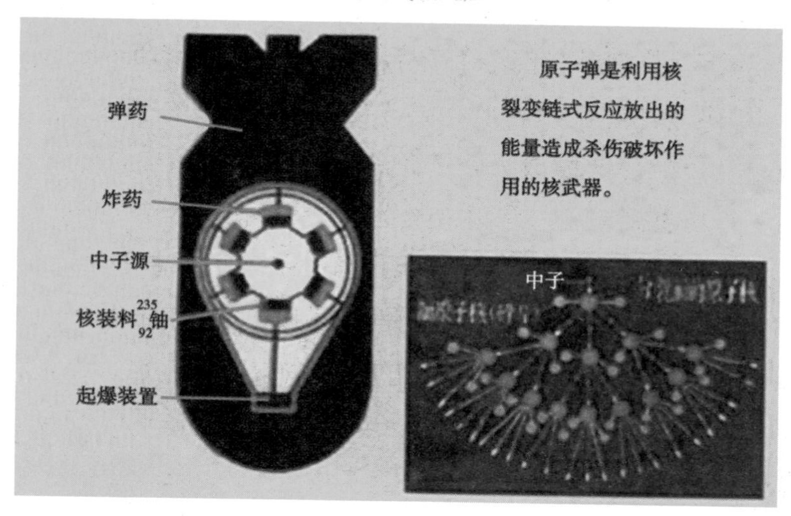
弹药
炸药
中子源
核装料$^{235}_{92}$铀
起爆装置
原子弹是利用核裂变链式反应放出的能量造成杀伤破坏作用的核武器。
中子

原 子 弹

6 受控核裂变反应堆

原子弹是不可控的核裂变，如果要把这种核变能为我们所用，人们就要建造核反应堆，并且采用技术使链式裂变缓慢和受控制地释放核能，这样才安全有效。我们把这个过程称为受控核裂变过程。

那么如何实现受控裂变呢？从刚才链式裂变的过程看，中子这个动力源是个比较关键的因素。调节中子的数量和速度有利于控制整个核裂变的速度。所以关于中子有下面两项关键技术：

中子吸收：为了控制链式核裂变产生出来的中子数量，需用吸收中子的材料做成吸收棒，称之为控制棒和安全棒（见上页图）。吸收材料一般是硼、碳化硼、镉等。

中子慢化技术：实验表明慢速中子（慢中子）更易引起铀-235裂变，而裂变出来中子是快速中子（快中子），所以反应堆中要放入能使中子速度减慢的材料，就叫慢化剂。一般慢化剂有水、重水、石墨等。通过中子与这些慢化剂的原子核碰撞来降低中子的速度（见上页图）。

这里得补充说明一下，虽然慢中子对铀-235裂变有利，但是自然界存在的铀中铀-235只占0.7%，而占天然铀99.3%的另一种同位素铀-238，它是不能在慢中子的作用下发生裂变的。为了利

用所有的铀，人类建立了快中子增殖堆。由铀-235裂变产生的快中子轰击铀-238变为钚-239，钚-239再被热中子轰击裂变产生核能。由于这个过程中快中子一边把铀-238变成钚-239一边又在使钚-239裂变，生产的比消耗的还要多，具有核燃料的增殖作用，故这种反应堆也就被叫做快中子增殖堆，简称快堆。

知道了这些，我们才来看看一个完整的受控核裂变反应堆的构成。

①堆芯：主要由裂变材料和吸收棒组成。

②慢化系统：反应堆中放入能使中子速度减慢的材料——慢化剂。

③控制与保护系统：通过控制吸收棒插入裂变材料管中深度，就可以控制中子的吸收比例，从而控制裂变的速度。

④冷却系统：为了将裂变的热导出来，反应堆必须有冷却剂，冷却剂常常就是慢化剂。

⑤反射层：能把堆芯内逃出的中子反射回去，减少中子的泄漏量。

好了，一个完整的核反应堆就可以为人类服务了。根据不同的用途，核反应堆可分为用于实验的研究堆；用于生产核裂变物质的生产堆；提供取暖、海水淡化、化工等用的热量的核反应堆；为发电而发生热量的发电堆；用于推进船舶、飞机、火箭等的推进堆等。

另外，核反应堆根据中子能量分为快中子堆和热（慢）中子堆；根据冷却剂材料分为水冷堆、气冷堆、有机液冷堆、液态金属冷堆；根据慢化剂分为石墨堆、重水堆（如下页图）、压

中国原子能科学研究院101重水反应堆

水堆、沸水堆、有机堆、熔盐堆、铍堆，等等。核反应堆概念上可有900多种设计，但现实上非常有限。

7 核电站

核电站以核反应堆来代替火电站的锅炉，以核燃料在核反应堆中发生特殊形式的“燃烧”产生热量，来加热水使之变成蒸

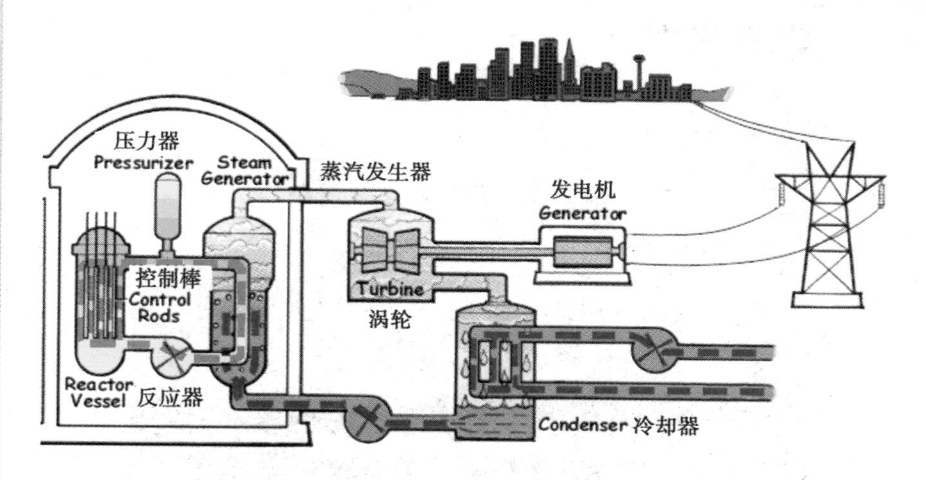

核电站的基本发电系统

汽。蒸汽通过管路进入汽轮机，推动汽轮发电机发电。一般说来，核电站的汽轮发电机及电器设备与普通火电站大同小异，其奥妙主要在于核反应堆。核电站常规组成除核反应堆外就还有蒸汽发生器、涡轮、发电机等（如上图）。

核能的利用从第二次世界大战期间发展的核武器开始，到核电的第一次大规模发展仅用了不到三十年的时间，核电已成为人类主动利用核能为生活所用的主要方式。专家认为，核电的发展缓解了能源危机，而如果解决了核聚变技术，则可从根本上解决能源问题。2003年各国核电站情况（见下页图）

核电站根据反应堆的不同类别主要分热中子反应的轻水堆核电站（包括压水堆核电站、沸水堆核电站）、重水堆核电站和快中子反应的快堆核电站。但用得最广泛的是压水反应堆。压水反应堆是以普通水作冷却剂和慢化剂，它是从军用堆基础上

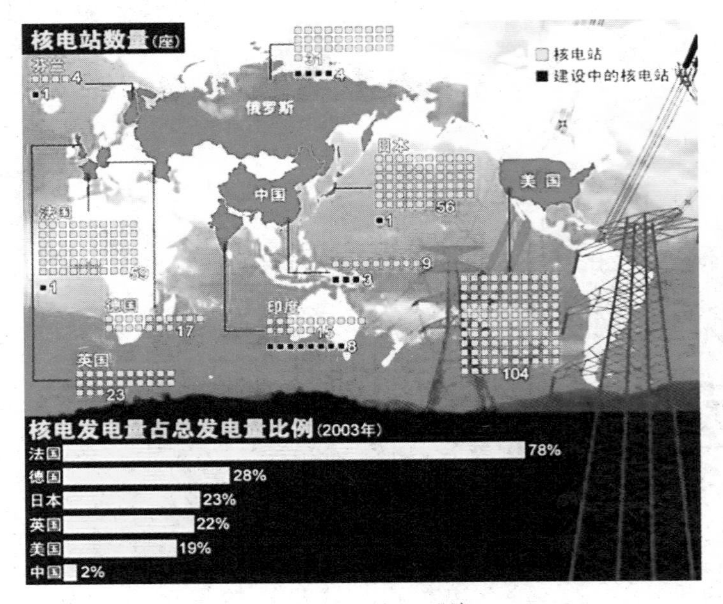

2003年各国核电站的情况

发展起来的最成熟、最成功的动力堆型。而最具有潜力和发展前景的是快堆核电站。

目前，世界上已商业运行的核电站堆型，如压水堆、沸水堆、重水堆、石墨气冷堆等都是非增殖堆型，主要利用核裂变燃料，即使再利用转换出来的钚-239等易裂变材料，它对铀资源的利用率也只有1%～2%，但在快堆中，铀-238原则上都能转换成钚-239而得以使用，但考虑到各种损耗，快堆可将铀资源的利用率提高到60%～70%。

8 核电安全至关重要

核能作为新能源是人类社会进步的象征，然而核能在为人类造福的同时，也可能给人类带来灾难。

铀核裂变后，会产生具有很强反射性的“核废料”，它对人体有极强的毒性，而且能保持数百乃至千年的“存活期”，因此核电厂的放射性物质外泄是很危险的。一般来说放射性物质外泄，致使工作人员和公众受超过或相当于规定限值的辐射，则称为核事故。

核电事故

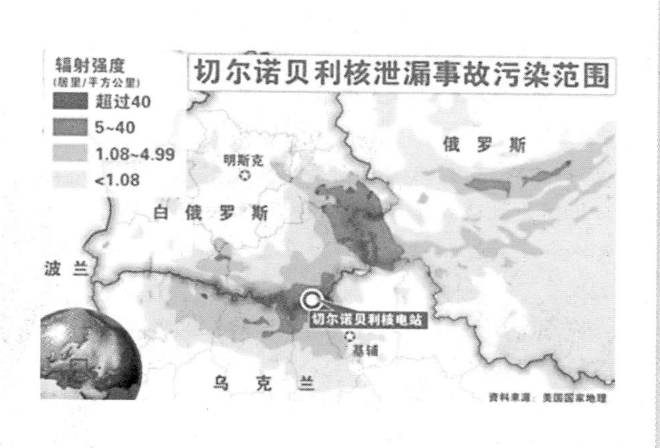

1986年4月26日，乌克兰境内的切尔诺贝利核电站4号反应堆突然发生爆炸，造成30人当场死亡，8吨多强辐射物泄漏。此次核泄漏事故使电站周围6万多平方公里土地受到直接污染，320多万人受到核辐射侵害，酿成人类和平利用核能史上的一大灾难。事故发生后，前苏联政府和人民采取了一系列善后措施，清除、掩埋了大量污染物，为发生爆炸的4号反应堆建起了钢筋水泥“石棺”，并恢复了另3个发电机组的生产。此外，离核电站30公里以内的地区还被辟为隔离区。

切尔诺贝利核电站4号反应堆

除此之外，重大核事故有：1957 年 9 月 29 日：前苏联乌拉尔山中的秘密核工厂“车里雅宾斯克 65 号”一个装有核废料的仓库发生大爆炸，迫使前苏联当局紧急撤走当地 11 000 名居民。

1957 年 10 月 7 日：英国东北岸的温德斯凯尔一个核反应堆发生火灾，这次事故产生的放射性物质污染了英国全境，至少有 39 人患癌症死亡。1961 年 1 月 3 日：美国爱荷华州一座实验室里的核反应堆发生爆炸，当场炸死 3 名工人。

1967 年夏天：前苏联“车里雅宾斯克 65 号”用于储存核废料的“卡拉察湖”干枯，结果风将许多放射性微粒子吹往各地，当局不得不撤走了 9 000 名居民。

1971 年 11 月 9 日：美国明尼苏达州“北方州电力公司”的一座核反应堆的废水储存设施发生超库存事件，结果导致 5 000 加仑放射性废水流入密西西比河，其中一些水甚至流入圣保罗的城市饮水系统。

1979 年 3 月 28 日：美国三里岛核反应堆因为机械故障和人为的失误而使冷却水和放射性颗粒外逸，但没有人员伤亡报告。

1979 年 8 月 7 日：美国田纳西州浓缩铀外泄，结果导致 1 000 人受伤。

1986 年 1 月 6 日：美国俄克拉荷马州一座核电站因错误加热发生爆炸，结果造成一名工人死亡，100 人住院。

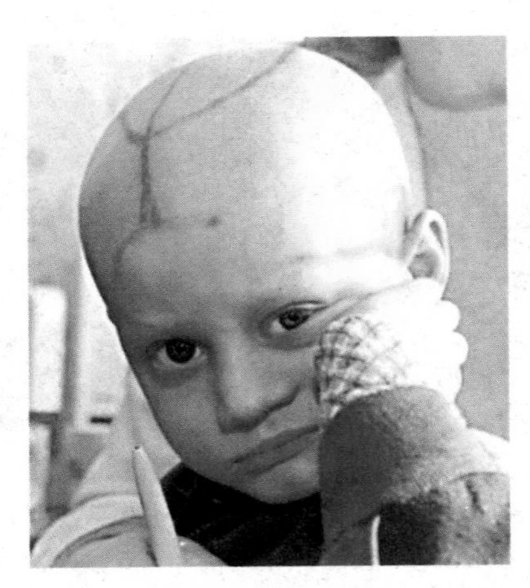

5岁的小男孩因为核辐射罹患白血病

显然，核事故的严重程度

国际核事件分级简表

级别	说明	标准	实例
7	极大事故	放射性物质大量外泄可能有严重的健康影响和环境后果	1986年前苏联切尔诺贝利事故
6	严重事故	放射性物质明显外泄可能需要全面实施当地应急计划	
5	具有场外风险的事故	放射性物质有限外泄，部分实施当地应急计划，堆芯严重损坏	1957年英国温茨凯尔事故 1979年美国三里岛事故
4	主要在核设施内的事故	放射性物质少量外泄，公众受到相当于规定限值的辐射一般不需要采取保护行动，堆芯部分对工作人员有恶性健康影响	1980年法国圣朗事故
3	严重事件	放射性物质极少量外泄，公众受到小部分规定限值的辐射无需采取保护行动，现场产生高辐射场或污染安全系统可能失去作用	1989年西班牙范德路斯事件
2	事件	无厂内外放射性影响，但可能出现重新评价安全效能的后果	
1	异常	安全系统偏离规定的功能范围	

可以有一个很大的范围，为了有一个统一的认识标准，国际上把核设施内发生的有安全意义的事件分为七个等级。

由表可以看出，只有4~7级才称为“事故”，5级以上的事故需要实施场外应急计划，这种事故在世界上共发生过三次，即前苏联切尔诺贝利事故、英国温茨凯尔事故和美国三里岛事故。

虽然发生了前苏联切尔诺贝利这类核事故，但世界上现有核

电站已经积累了丰富的运行经验，创造了良好的安全记录。其主要原因就在于人们从核电站设计直到运行、退役的全过程中进行了有效的核安全管理和严格的监督。国际经验表明：为了保证安全，在着手制订、实施核动力建设计划时，建立一个核安全监督机构是极其重要的。

9 原子核的聚变

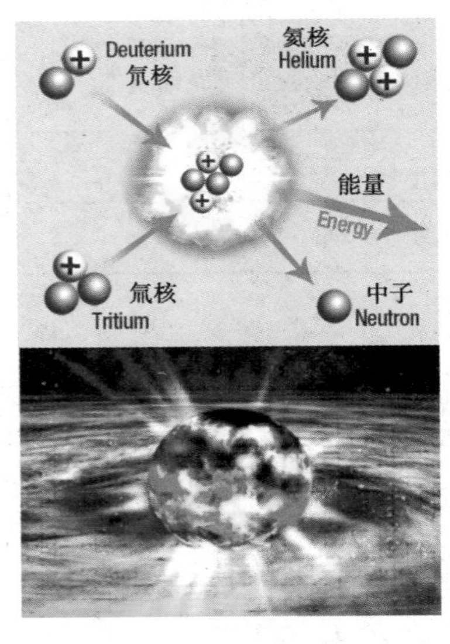

氘或氚核的聚变与太阳的核聚变

核聚变是指由两个质量小的原子核，主要是指氘或氚，在一定条件下（如超高温和高压），发生原子核互相聚合作用，生成新的质量更重的原子核的过程叫核聚变。核聚变释放的能量叫聚变能。

太阳发出的能量来自组成太阳的无数的氢原子核。在太阳中心的超高温和超高压下，这些氢原子核相互作用，发生核聚变，结合成较重的氦原子核，同时释放出巨大的光和热。

与核裂变能相比核聚变能的发展空间更广阔。一方面地球上蕴藏的核聚变能远比核裂变能丰富得多。据测算，每升海水中含有0.03克氘，所以地球上仅在海水中就有45万亿吨氘。1升海水中所含的氘，经过核聚变可提供相当于300升汽油燃烧后释放出的能量。地球上蕴藏的核聚变能约为蕴藏的可进行核裂变元素所能释出的全部核裂变能的1 000万倍，可以说是取之不尽的能源。至于氚，虽然自然界中不存在，但靠中子同锂（Li）作用可以产生，而海水中也含有大量锂。 第二个优点是既干净又安全。它不会产生污染环境的放射性物质，很干净，同时受控核聚变反应可在稀薄的气体中持续地稳定进行，很安全。

虽然核聚变能本身有这么多的优点，为什么核电站没有采用聚变能发电呢？之前我们提到了要能为人类服务，核反应必须要受控制，因为目前受控核聚变还处于研究之中，所以只有选择技术比较成熟的核裂变了。

目前主要的几种可控核聚变方式有：磁约束核聚变（托卡马克）。最早的著名方法是“托卡马克”型磁场约束法；激光约束（惯性约束）核聚变；超声波核聚变。由于这些技术的科技成分重，下面我们只简单介绍一下这几种受控核聚变。

10 苛刻的受控核聚变条件

目前主要的核聚变类型有（如下图）：

D + D → T + P

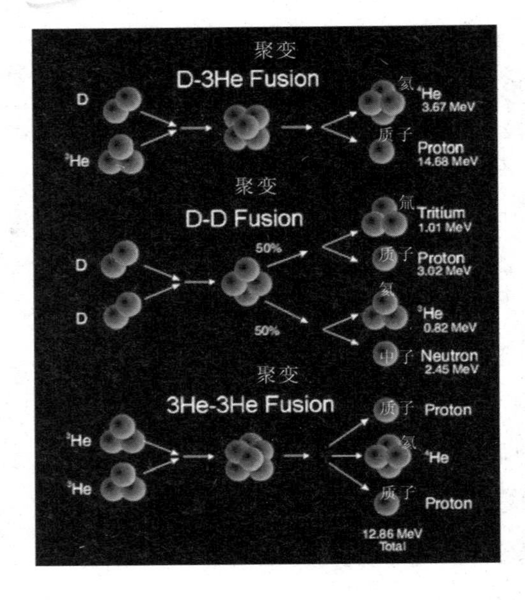

$D + D \rightarrow {}^{3}He + n$

$D + T \rightarrow {}^{4}He + n$

$D + {}^{3}He \rightarrow {}^{4}He + p$

${}^{3}He + {}^{3}He \rightarrow {}^{4}He + 2p$

其中：D—氘，T—氚，P—质子，n—中子

在这些聚变中，氘-氚聚变是相对容易实现的一种核聚变。以此来讨论要实现受控核聚变必须具备以下物理条件：

①超高温度：氘和氚的混合材料的热核聚变反应温度在1亿度以上。在这种温度下，氘氚混合气体已完全电离，成为带正电的氘、氚原子核和带负电的自由电子混合而成的等离子体。

②等离子体约束：将上述等离子体约束起来，才能增大聚变反应的几率，相遇的概率才够大，不至于失散。

③劳森判据：简而言之，就是氘、氚原子核和自由电子混合的等离子如果要发生持续受控核聚变，在温度、粒子数密度和具体约束时间上需要满足的定量关系。这是从能量角度得出的，只有核反应产生的能量大于维持系统反应基本所需能量时，持续的核聚变才可能发生。

11 磁约束实现受控核聚变

磁约束就是通过磁场来约束参与反应的混合等离子体。

如图，在长圆柱体空间里的等离子因为带电荷受洛伦兹力而做圆周运动。磁场中所有的等离子体就好像串绕在一条一条磁力线上，沿着磁力线作半径微小的螺旋形运动。这样就实现了对这些等离子体的约束，直到粒子之间的碰撞使它们离开各自原来串绕的磁力线。另一方面，作螺旋形运动的带电粒子，就是一个微小的螺旋形的电流。

这种磁约束可将原来是自由等离子体状态的体积缩小10^6

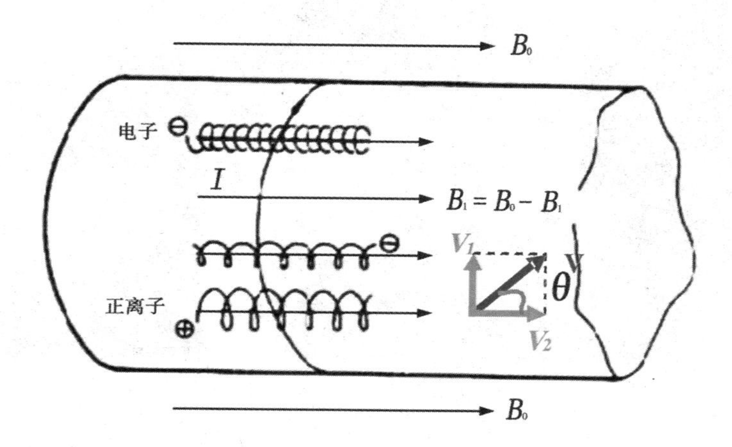

倍。但这种约束作用，只表现在垂直于磁场的方向；在平行于磁场的方向，等离子体仍没有得到约束，在磁场圆筒方向上要求长度足够长。这样会引起等离子体沿圆筒真空室两端逸出的损失。

目前，磁约束聚变装置类型有托卡马克、球形托卡马克、仿星器、磁镜、箍缩装置、球马克、内环装置等（如下图）。托卡马克是由前苏联库尔恰托夫原子能研究所的阿尔齐莫维奇等首先提出来的，它的结构最简单，在其上所获得的等离子体参

各种磁约束装置

数却是到目前为止最好的，也是有可能最先建成的热核聚变反应堆。

12 激光惯性约束实现受控核聚变

惯性约束核聚变是把几毫克的氘和氚的混合气体或固体，装入直径约几毫米的小球内。从外面均匀射入激光束或粒子束（如下图），球面因吸收能量而向外蒸发，受它的反作用，球面内层向内挤压（反作用力是一种惯性力，靠它使气体约束，

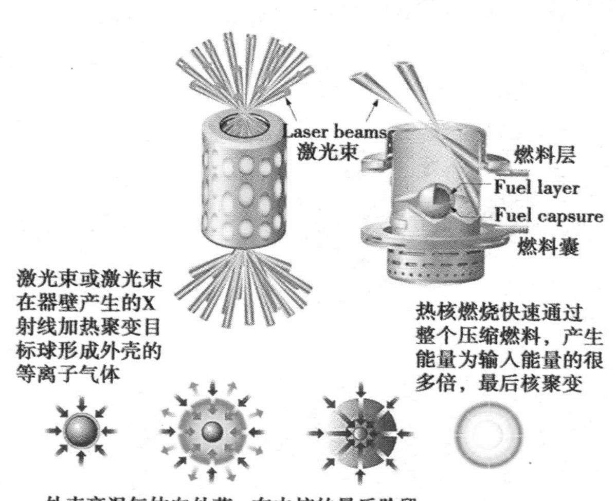

所以称为惯性约束），就像喷气飞机气体往后喷而推动飞机前飞一样，小球内气体受挤压而压力升高，并伴随着温度的急剧升高。当温度达到所需要的点火温度（大概需要几十亿度）时，小球内气体便发生爆炸，并产生大量热能。这种爆炸过程时间很短，只有几个皮秒（1皮秒等于1万亿分之一秒）。如每秒钟发生三四次这样的爆炸并且连续不断地进行下去，所释放出的能量就相当于百万个千瓦级的发电站。实质上，这种热核反应就相当于微型氢弹爆炸。

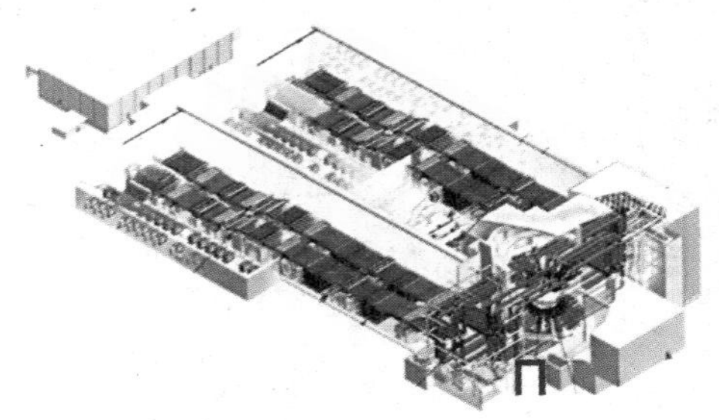

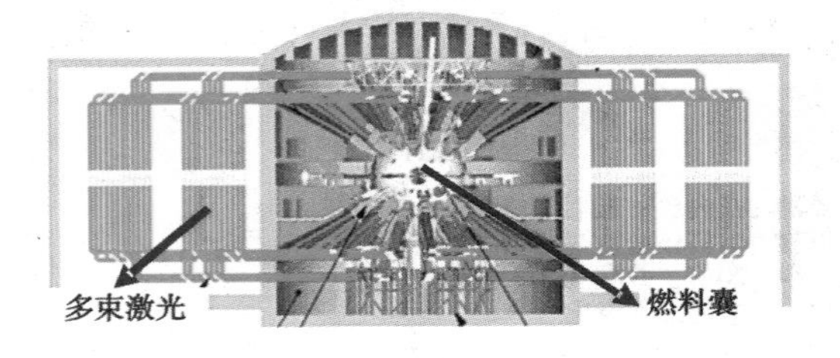

在美国劳伦斯—利弗莫尔实验室的国家点火设施（the National Ignition Facility，NIF）中，科学家们正在试验用激光束来诱发聚变。（如左图）

NIF长215米，宽120米，大约同古罗马圆形竞技场一样大，位于美国加利福尼亚州劳伦斯—利弗

莫尔国家实验室。

NIF将192条激光束集中于一个花生米大小的、装有重氢燃料的目标上。每束激光发射出持续大约十亿分之三秒、蕴涵180万焦耳能量的脉冲紫外光——这些能量是美国所有电站产生的电能的500倍还多。当这些脉冲撞击到目标反应室上，它们将产生X光。这些X光会集中于位于反应室中心装满重氢燃料的一个塑料封壳上。NIF研究小组估计，X光将把燃料加热到一亿度，并施加足够的压力使重氢核生聚变反应。释放的能量将是输入能量的15倍还多。但是，人们希望NIF做更多工作。它的激光还能够模拟中子星、行星 内核、超新星和核武器中存在的巨大压力、灼热高温和庞大磁场。加利福尼亚州将成为物理学家检验他们有关宇宙中最极端情况的理论的地方。

利弗莫尔有850名科学家和工程师。另外大约有100名物理学家在那里设计实验。192束激光中有4束已经工作了24个月，并已经发射出世界上最强的激光。NIF的工程自1994年开工以来延期了很多次，但它最终的目标是2010年实现聚变反应，并达到平衡点。

中国的激光热核“点火”——“神光”计划在不断的研究探索中。中国科学院和中国工程物理研究院从20世纪80年代开始联合攻关，承担了“神光”系列激光系统的研制和惯性约束核聚变（the Laser Inertial Confinement Fusion，ICF)物理实验，取得了举世瞩目的成就。

惯性约束涉及很多等离子体动力学问题，如激波加热问题。在爆聚过程中，对激光束的输出功率进行调制，使等离子

高功率激光装置“神光Ⅱ号”

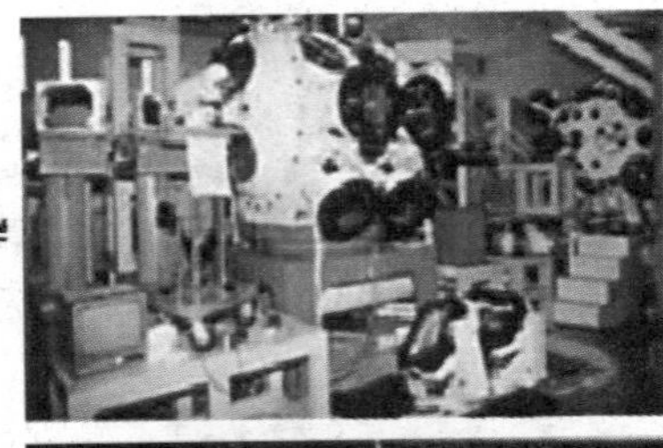

上海激光等离子所激光聚变装置

体产生一系列激波，并在所要求的时间内同时收缩到中心（靶心），则可使密度增大1 000倍，理论上要达到这种效果，大约需要7个激波。另外由于爆聚过程相当于轻流体驱动重流体作加速运动，会产生不稳定性。其后果不仅使爆聚失去对称性，影响压缩比，而且会产生强烈混合，降低燃烧率。这是实现激光核聚变的主要障碍之一。

第7篇

其他新能源

地热能

地热是来自地球深处的可再生热能，它起源于地球的熔融岩浆和放射性物质的衰变。

有些地方，热能随自然涌出的热蒸汽和水而到达地面，自古以来它们就已被用于洗浴和蒸煮。运用地热能最简单和最合乎成本效益的方法，就是直接取用这些热源，并转换成其他能量。

按照其储存形式，地热资源可分为蒸汽型、热水型、地压

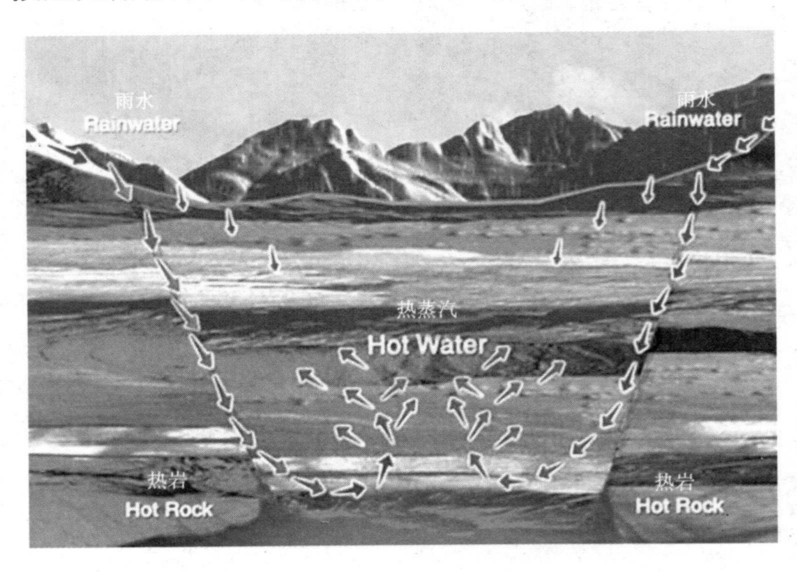

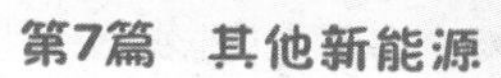

型、干热岩型和熔岩型5大类。

全球地热分布

地热主要分布在构造板块边缘一带，该区域也是火山和地震多发区。如果热量提取的速度不超过补充的速度，那么地热能便是可再生的。地球地热资源很丰富，但热能的分布相对来说比较分散，开发难度大。

世界地热资源主要分布于以下5个地热带：

①环太平洋地热带。世界最大的太平洋板块与美洲、欧亚、印度板块的碰撞边界，即从美国的阿拉斯加、加利福尼亚到墨西哥、智利，从新西兰、印度尼西亚、菲律宾到中国沿海和日本。世界许多地热田都位于这个地热带，如美国的盖瑟斯地热田，墨西哥的普列托、新西兰的怀腊开、中国台湾的马槽和日本的松川、大岳等地热田。

②地中海、喜马拉雅地热带。欧亚板块与非洲、印度板块的碰撞边界，从意大利直至中国的滇藏。如意大利的拉德瑞罗地热田和中国西藏的羊八井及云南的腾冲地热田均属这个地热带。

③大西洋中脊地热带。大西洋板块的开裂部位，包括冰岛和亚速尔群岛的地热田。

④红海、亚丁湾、东非裂谷地热带。包括肯尼亚、乌干达、扎伊尔、埃塞俄比亚、吉布提等国的地热田。

⑤其他地热区。除板块边界形成的地热带外，在板块内部靠近边界的部位，在一定的地质条件下也有高热流区，可以蕴藏

一些中低温地热，如中亚、东欧地区的一些地热田和中国的胶东、辽东半岛及华北平原的地热田。

我国的地热资源也很丰富，但开发利用程度很低。主要分布在云南、西藏、河北等省区。

地热的不同用途

地热能的利用可分为地热发电和直接利用两大类，而对于不同温度的地热流体可能利用的范围如下：

①200～400 ℃直接发电及综合利用（如图）；

②150～200 ℃双循环发电，制冷，工业干燥，工业热加工；

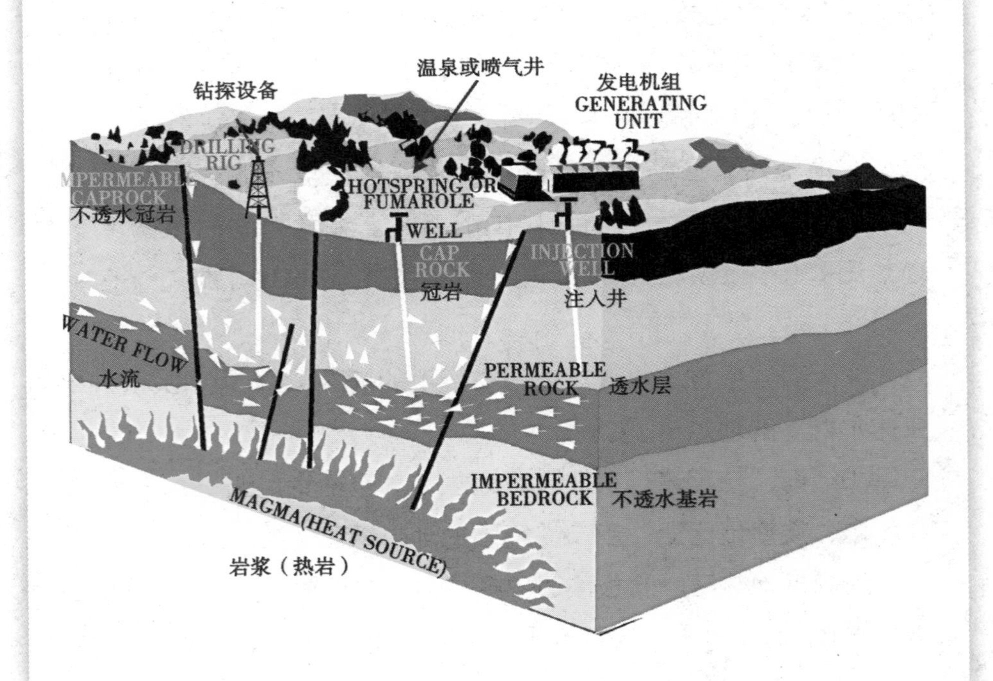

③100～150 ℃双循环发电，供暖，制冷，工业干燥，脱水加工，回收盐类，罐头食品；

④50～100 ℃供暖，温室，家庭用热水，工业干燥；

⑤20～50 ℃沐浴，水产养殖，饲养牲畜，土壤加温，脱水加工。

人类很早以前就开始利用地热能，例如利用温泉沐浴、医疗，利用地下热水取暖、建造农作物温室、水产养殖及烘干谷物等。但真正认识地热资源，并进行较大规模的开发利用却是始于20世纪中叶。

地热发电

地热发电是地热利用的最重要方式，如右图。地热发电和火力发电的原理是一样的，都是利用蒸汽的热能在汽轮机中转变为机械能，然后带动发电机发电。所不同的是，地热发电不像火力发电那样需要装备庞大的锅炉，也不需要消耗燃料，它所用的能源就是地热

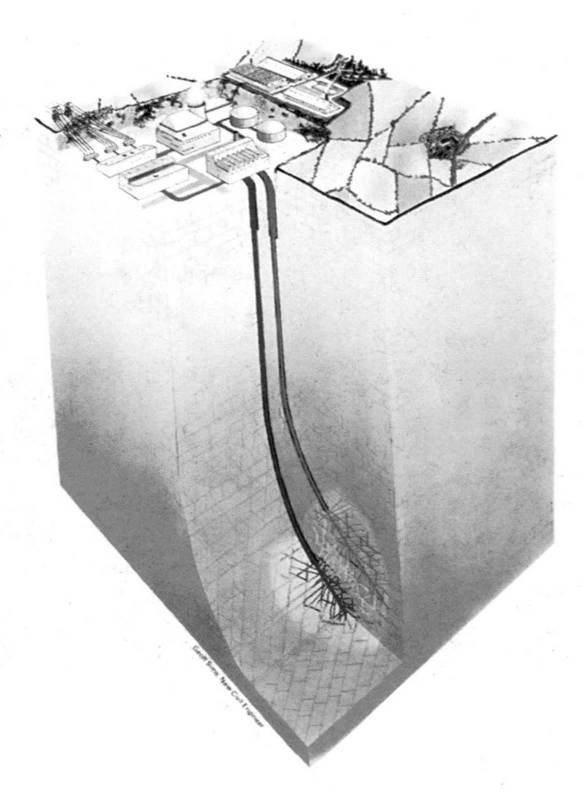

能。地热发电的过程，就是把地下热能首先转变为机械能，然后再把机械能转变为电能的过程。要利用地下热能，首先需要有“载热体”把地下的热能带到地面上来。目前能够被地热电站利用的载热体，主要是地下的天然蒸汽和热水。按照载热体类型、温度、压力和其他特性的不同，可把地热发电的方式划分为蒸汽型地热发电和热水型地热发电两大类。

天津奥林匹克中心体育场

地热供暖

将地热能直接用于采暖、供热和供热水是仅次于地热发电的地热利用方式。上页图为天津奥林匹克中心体育场——2008年北京奥运会足球预赛场。体育场采用地热能、太阳能等可再生能源，在冬季，该场馆水源热泵空调系统对地热井水梯级利用，夏季，系统则采用湖水辅之以冷却塔散热。

地热务农

地热务农

地热在农业中的应用范围十分广阔。如利用温度适宜的地热水灌溉农田，可使农作物早熟增产；利用地热水养鱼，在28 ℃水温下可加速鱼的育肥，提高鱼的出产率；利用地热建造温室，育秧、种菜和养花；利用地热给沼气池加温，提高沼气的产量等。

地热行医

目前热矿水就被视为一种宝贵的资源，世界各国都很珍惜。

由于地热水常含有一些特殊的化学元素，从而使它具有一定的医疗效果。如含碳酸的矿泉水供饮用，可调节胃酸、平衡人体酸碱度；含铁矿泉水饮用后，可治疗缺铁贫血症；氢泉、硫水氢泉洗浴可治疗神经衰弱和关节炎、皮肤病等。由于温泉的医疗作用及伴随温泉出现的特殊地质、地貌条件，使温泉常常成为旅游胜地，吸引大批疗养者和旅游者。

未来随着与地热利用相关的高新技术的发展，将使人们能更精确地查明更多的地热资源；钻更深的钻井将地热从地层深处取出，因此地热利用也必将进入一个飞速发展的阶段。

2 海洋能

海洋能指依附在海水中的可再生能源，海洋通过各种物理过程接收、储存和散发能量，这些能量以潮汐、波浪、温度差、盐度梯度、海流等形式存在于海洋之中。

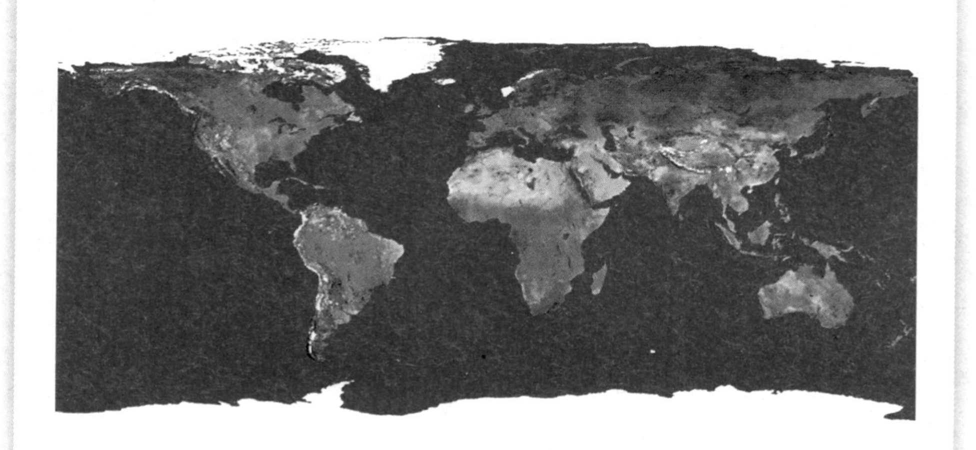

地球表面积约为$5.1\times10^{8}km^{2}$，其中陆地表面积为$1.49\times10^{8}km^{2}$占29%；海洋面积达$3.61\times10^{8}km^{2}$占71%（如上图）。一望无际的大海，不仅为人类提供航运、水源和丰富的矿藏，而且还蕴藏着巨大的能量，它将太阳能以及派生的风能等以热能、机械能等形式蓄在海水里，不像在陆地和空中那样容易散

失。海洋能具有储量丰富、可再生、清洁等优点。

海洋能的常见利用形式

波浪能：波浪能是指海洋表面波浪所具有的动能和势能，是一种在风的作用下产生的，并以势能和动能的形式由短周期波储存的机械能。波浪的能量与波高的平方、波浪的运动周期以及迎波面的宽度成正比。波浪能是海洋能源中能量最不稳定的一种能源。波浪发电是波浪能利用的主要方式，发电形式多样化。这里介绍的两种形式：振荡水柱式波浪发电系统和收窄水道式波浪发电系统。

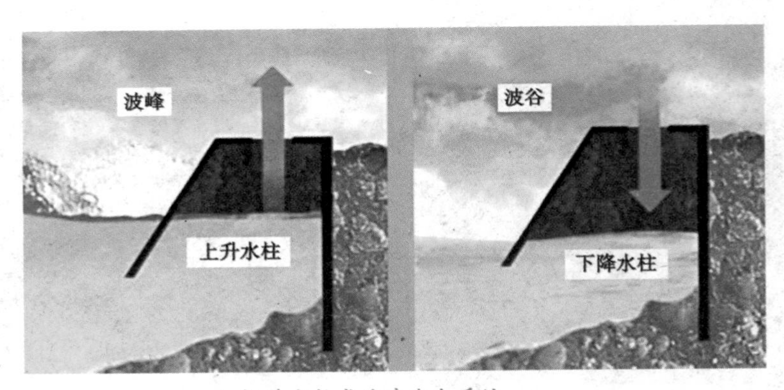

振荡水柱式波浪发电系统

振荡水柱式波浪发电系统（如图）通过波浪引起竖井或沉箱中的水柱上下运动来发电。水柱的上下振荡可以使到竖井中水面上的空气来回进出，从而推动涡轮旋转而发电。这类系统也称气动系统。

收窄水道式波浪发电系统，包含一个不断变窄的水道以将波

浪聚集到比海平面高数米的储水湖中。波浪进入缩减水道后越是接近储水湖，波浪高度也就越高。最终一些水会越过水道的围墙而进入储水湖。通过这个过程，波浪的动能转化为储水湖中的水位能。最后储水湖中的水会被送到水轮机进行发电。除此之外，还有浮式碧浪发电等。

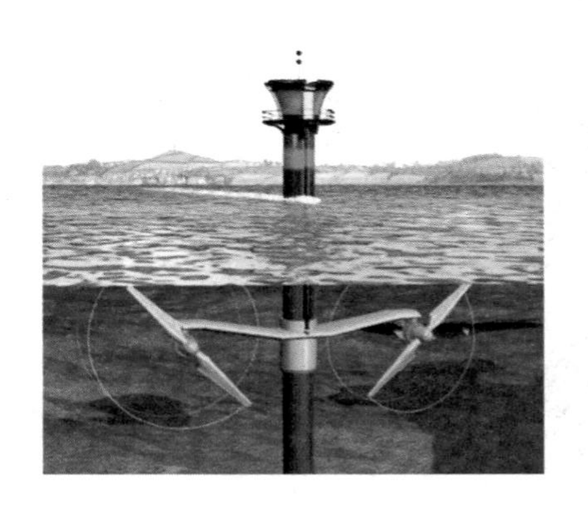

潮汐能（如左图）：因月球引力的变化引起潮汐现象，潮汐导致海水平面周期性地升降，因海水涨落及潮水流动所产生的能量称为潮汐能。

潮汐能的主要利用方式也是发电，目前世界上最大的潮汐电站是法国的朗斯潮汐电站，我国的江夏潮汐实验电站为国内最大。英国的潮汐发电潜力大，估计为整个欧洲的一半，为世界总量的10％到15％。英国有望成为“海洋能源中的沙特阿拉伯”。

海流能：海流能是指海水流动的动能，主要是指海底水道和海峡中较为稳定的流动以及由于潮汐导致的有规律的海水流动所产生的能量，是另一种以动能形态出现的海洋能。

海水温差能：是表层海水和深层海水之间水温差的热能，是海洋能的一种重要形式。低纬度的海面水温较高，与深层冷水存在温度差，而储存着温差热能，其能量与温差的大小和水量成正比。据计算，从南纬20度到北纬20度的区间海洋洋面，只要把其中一半用来发电，海水水温仅平均下降1 ℃，就能获得600亿千瓦的电能，相当于目前全世界所产生的全部电能。

温差能的主要利用方式为也是发电，而温差能利用的最大困难是温差大小，能量密度低，其效率仅有3%左右，而且换热面积大，建设费用高，目前各国仍在积极探索中。

盐差能：是指海水和淡水之间或两种含盐浓度不同的海水之间的化学电位差能，是以化学能形态出现的海洋能。主要存在于河海交接处。盐差能的研究以美国、以色列的研究为先，中国、瑞典和日本等也开展了一些研究。但总体上，对盐差能这种新能源的研究还处于实验室实验水平，离示范应用还有较长的距离。

3 可燃冰

可燃冰的学名叫“天然气水合物”，是一种白色固体物质，外形像冰，有极强的燃烧力，可作为上等能源。它主要由水分子和烃类气体分子（主要是甲烷）组成，所以也称它为甲烷水合物。天然气水合物是在一定条件（合适的温度、压力、气体饱和度、水的盐度、pH值等）下，由气体或挥发性液体在与水

可燃冰

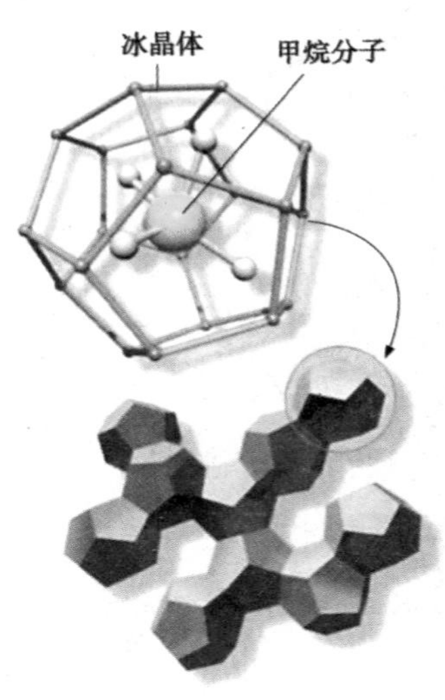

分子组成

相互作用过程中形成的白色固态结晶物质。一旦温度升高或压力降低，甲烷气则会逸出，固体水合物便趋于崩解。（1立方米的可燃冰可在常温常压下释放164立方米的天然气及0.8立方米的淡水）所以固体状的天然气水合物往往分布于水深大于300米以上的海底沉积物或寒冷的永久冻土中。海底天然气水合物依赖巨厚水层的压力来维持其固体状态，其分布可以从海底到海底之下1 000米的范围以内，再往深处则由于地温升高其固体状态遭到破坏而难以存在。

可燃冰被西方学者称为“21世纪能源”或“未来新能源”。迄今为止，在世界各地的海洋及大陆地层中，已探明的“可燃冰”储量已相当于全球传统化石能源(煤、石油、天然气、油页岩等)储量的两倍以上，其中海底可燃冰的储量够人类使用1 000年。世界上海底天然气水合物已发现的主要分布区是大西洋海域的墨西哥湾、加勒比海、南美东部陆缘、非洲西部陆缘和美国东海岸外的布莱克海台等，西太平洋海域的白令海、鄂霍茨克海、千岛海沟、冲绳海槽、日本海、四国海槽、日本南海海槽、苏拉威西海和新西兰北部海域等，东太平洋海域的中美洲海槽、加利福尼亚滨外和秘鲁海槽等，印度洋的阿曼海湾，南极的罗斯海和威德尔海，北极的巴伦支海和波弗特

世界天然气水合物（可燃冰）的分布

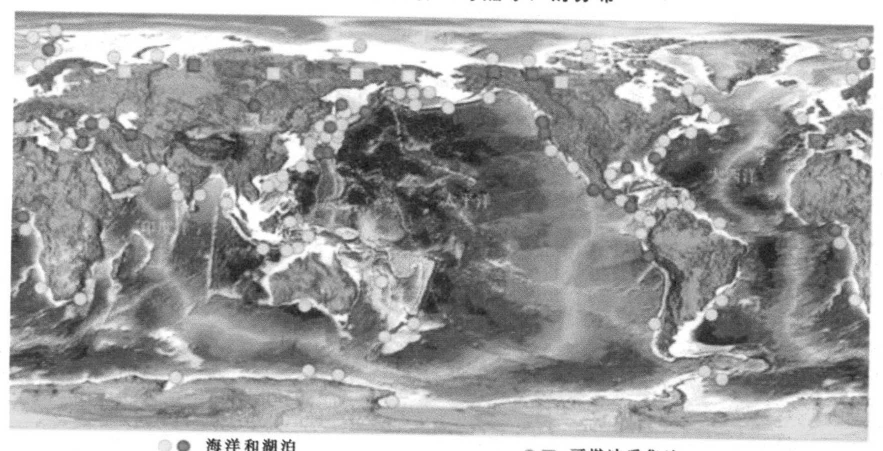

海，以及大陆内的黑海与里海等（如上图）。

从20世纪80年代开始，美、英、德、加、日等发达国家纷纷投入巨资相继开展了本土和国际海底天然气水合物的调查研究和评价工作，同时美、日、加、印度等国已经制定了勘查和开发天然气水合物的国家计划。特别是日本和印度，在勘查和开发天然气水合物的能力方面已处于领先地位。2007年4月21日，我国正式启动南海北部陆坡海域天然气水合物钻探工作。5月1日凌晨，钻探船在南海北部神狐海域的一号钻探站位获取了可燃冰的样品，其沉积层厚18米，甲烷含量99.7%。

天然气水合物在给人类带来新的能源前景的同时，对人类生存环境也提出了严峻的挑战。天然气水合物中的甲烷，其温

室效应为CO_2的20倍，温室效应造成的异常气候和海面上升正威胁着人类的生存。全球海底天然气水合物中的甲烷总量约为地球大气中甲烷总量的3 000倍，若有不慎，让海底天然气水合物中的甲烷气逃逸到大气中去，将产生无法想象的后果。而且固结在海底沉积物中的水合物，一旦条件变化使甲烷气从水合物中释出，还会改变沉积物的物理性质，极大地降低海底沉积物的工程力学特性，使海底软化，出现大规模的海底滑坡，毁坏海底工程设施，如：海底输电或通讯电缆和海洋石油钻井平台等。陆缘海边的可燃冰开采起来十分困难，一旦出了井喷事故，就会造成海啸、海底滑坡、海水毒化等灾害。由此可见，可燃冰在作为未来新能源的同时，也是一种危险的能源。可燃冰的开发利用就像一柄“双刃剑”，需要小心对待。

第8篇

节能技术与节能技巧

1 节能刻不容缓

应对能源危机让我们进入了一个崭新的能源时代，科技含量较高的各类新能源成了这个时代的代表。但是，从新能源的介绍中可以看到，在新能源的发展道路上还有许多有待改进的地方，比如粮食安全、核安全、新能源转换的技术、效率等问题，所以新能源并不意味着一劳永逸。

任何一个精明的人都知道，如果想让自己存折里面的钱越来越多，就要从两个方面入手，一个是“开源”，一个是“节流”。新能源就是缓解能源危机“开源 ”的结果，然而“节

汽车越来越多，能耗越来越多，污染越来越大

办公室打印机上换下的众多硒鼓

流”的重要作用也是不能忽视的。做好能源的节约工作，在目前并不明朗的新能源结构下就显得尤其重要。

随着人们生活水平的不断提高，每一个人每天消耗的能源也越来越多。一个很明显的现象是，在20世纪中叶，也就是我们祖辈的年代，他们每天晚上顶多九点就入睡了，而现在有许多人都在晚上十一二点入睡，有的甚至通宵，不说别的就消耗的电

能就比过去多得多。大城市的晚上灯火通明，无数的娱乐设施让这里成了不夜城。再看看家里，原来象征着生活水平的三大件是:手表、自行车、缝纫机。现在呢？无法罗列，家家都有电视机、影碟机、洗衣机、空调、冰箱，甚至让过去的人想都不敢想的汽车也开始普及起来。我们不得不承认，社会越进步，能耗越大，对能源的依赖也越大。

中国是一个人口大国，资源相对不足，能源供不应求。我们有13亿人口，每个人浪费一点，乘以13亿，这个数字就大得惊人；同样地，如果每个人都能节约一点，乘以13亿，这个数字也相当可观。5·12大地震中我们似乎听过类似的话，乘以13亿的结果在抗震救灾中所显示的威力是现在每一个中国人都体验过的，相信这样的信念也可以在节能行动中得到体现。

节能从何做起？不要以为节能就是无形中降低我们的生活标准，不开灯、不用电视、不用电脑、不开车……，如果那样，社会不如不进步。我们理解的节能应该是在保证生活品质的前提下有效的来利用能源。

第一，利用相对较少的能源做同样效果的工作，这属于节能技术方面，比如节能灯、变频技术、节水马桶、节能建筑等。据有关专家介绍，假如全国家庭普遍采用节能光源，一年可节电700多亿千瓦时，国内现有1亿多台冰箱若能全部换成节能型，一年可节电400多亿千瓦时。两者相加，可省下一个多三峡电站的发电量，所以国家大力推广节能灯。节能的第二层含义就是减少不必要的能源浪费，这属于节能技巧方面。比如选择与自己使用相匹配的汽车、断开电源减少待机耗电、减少使

用木筷子、塑料袋等，节能技巧数不胜数，后面我们会介绍一些。如果说节能技术是技术人员的事的话，那么节能技巧就是我们每个人的事了，树立节能意识，让节能成为一种习惯是目前我们，尤其是青少年朋友应该具备的一种素质。

下面我们就来了解一些比较普及的节能技术和节能技巧吧！

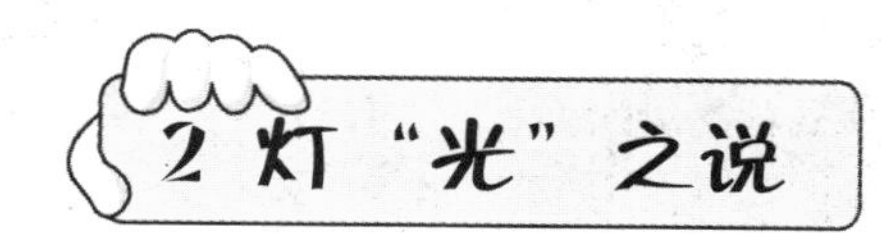

2 灯“光”之说

电能应用之广不用阐述，但最最普遍的就是电灯了，再贫穷的家里至少也有一盏灯吧。所以灯的节能技术很早就开始研究，在保证亮度的前提下，推广高效节能照明器具，提高电能利用率，减少用电量。

在讲“灯”之前，要先介绍一下物质发光的原理。可能你还不知道人眼可以看到的光是怎么来的。其实光就是一种电磁波，它同收音机的长、短波，无线通讯手机等的通讯波，以及医院里面的X射线没有什么两样，它们统统都是电磁波，由变化的电、磁场在空间交替变化而传播着。只是因为它们具有不同的波长和频率，以及在生活中具体表现和特点不一样而进行了分类。比如波长在400 nm(纳米)到760 nm（$1\ nm=1\times10^{-9}\ m$）的电磁波可以被人眼看见，所以叫可见光。电磁波分类（见下图）。

明白了光是电磁波，再来看看光是如何产生的。我们已经知

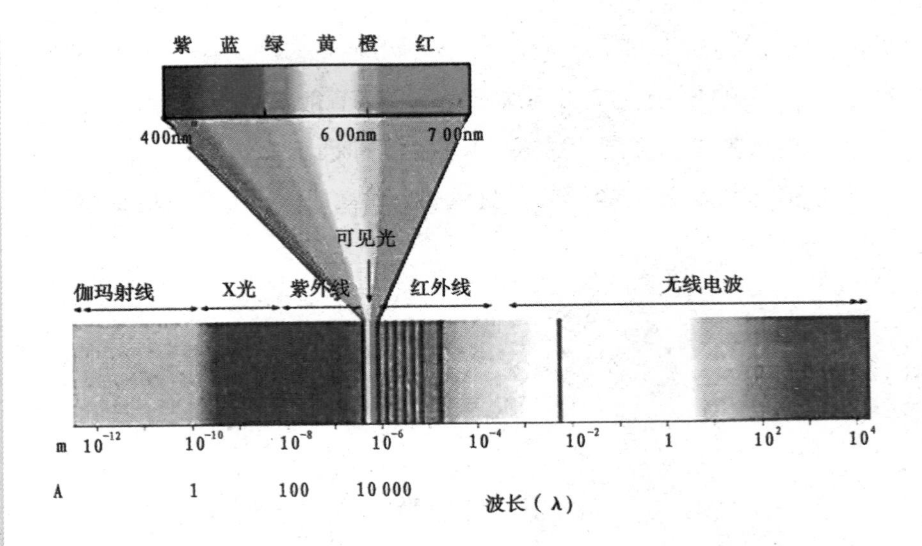

道了，物质的原子是由原子核和核外电子构成。一般情况下，电子根据自己的能量而处在一个固定的轨道上运动，低能量的电子在较近的轨道运动，高能量的电子在较远的轨道运动。当外界给了这个电子一个额外的能量，电子就有能力跑到离核较远的轨道去运动，可是在较远轨道上的电子又不稳定，就会跑回较近的轨道，这在物理学上叫“跃迁”。而回到较近轨道后就不需要较远轨道那么多能量了，所以多余的能量就以电磁波的形式发射出来，如果正好又是可见光波长的电磁波，我们就看到光了。人们常说小孩子长大了叫翅膀硬了，不服家长的管教了，其实这和原子核与电子的状态比较像。家长就是原子核，孩子就是围绕着的电子，当孩子的能力足够大就要挣脱家长的束缚，但是，孩子无论如何又离不开自己的父母。孩子需

要食物的营养和知识的营养来提高自己的能力，电子也需要外界的刺激来获得跑到较远轨道的能量，所以，发光一定有能量的转换。电灯就是把电能转换成了光能，你还可以观察一下身边发光的物体，是什么能量转换来的呢？好吧，我们开始讲“灯”了。

3 从白炽灯、节能灯到LED灯

白炽灯

1879年，爱迪生发明了白炽灯（如右图）。现代的白炽灯是将电流通过一小圈钨丝，使钨丝受热而发亮。灯丝工作温度是2 000　~3 000 ℃，由于温度很高，大部分的能量以红外辐射的形式浪费掉了，所以寿命短，一般在1 000小时左右。虽然白炽灯是照明领域最成功的产品，但它只能将约5%的电能转化为光能，效率很低。

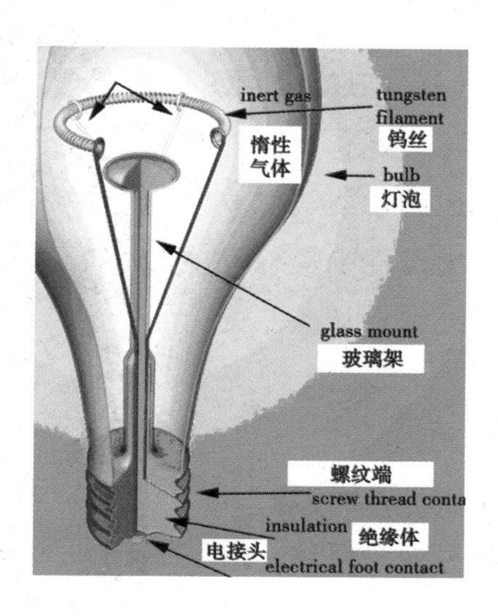

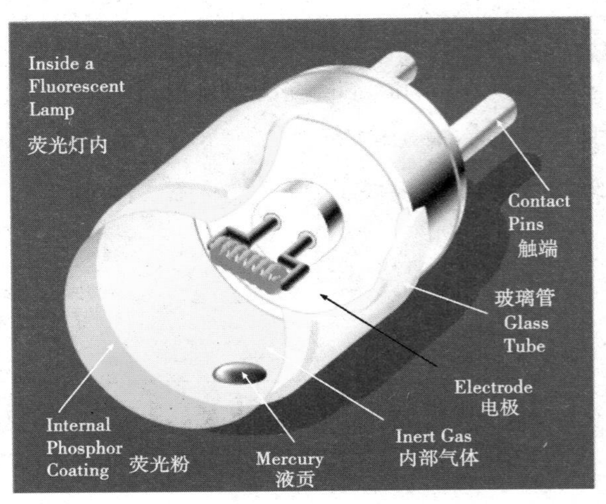

荧光灯

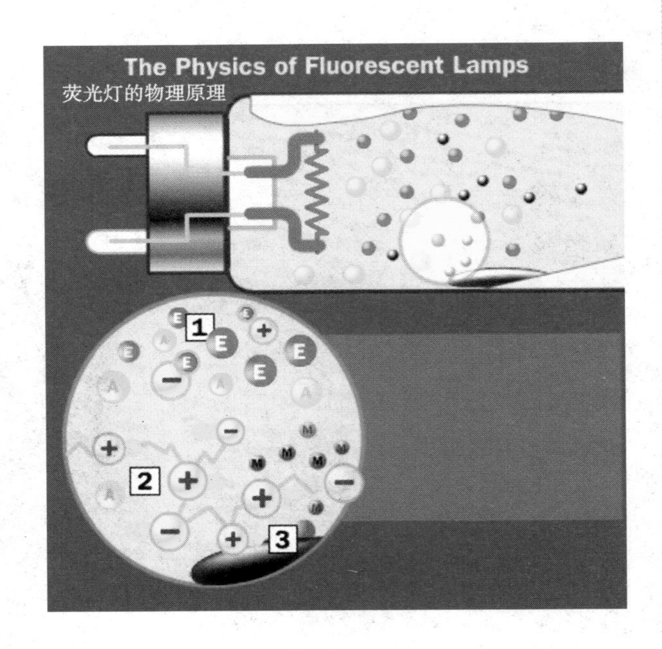

荧光灯（也叫日光灯，如上图）是利用低气压的汞蒸气在放电过程中辐射紫外线，从而使荧光粉发出可见光。

荧光灯内装有两个灯丝，灯丝上涂有电子发射材料三元碳酸

盐（碳酸钡、碳酸锶和碳酸钙），俗称电子粉。在交流电压作用下，灯丝交替作为阴极和阳极。灯管内壁涂有荧光粉，管内充有400~500 Pa（帕）压力的氩气和少量的汞。通电后，液态汞蒸发成压力为0.8 Pa的汞蒸气。在通电形成电场作用下，汞原子吸收电能并发出紫外线和释放多余的能量。荧光粉吸收紫外线的能量后发出可见光。荧光粉不同，发出的光线也不同，这就是荧光灯可做成白色和各种彩色的缘由。由于荧光灯所消耗的电能大部分用于产生紫外线，因此，荧光灯的发光效率远比白炽灯高。

从荧光灯的发光机制可见，荧光粉很关键。20世纪50年代以后的荧光灯大都采用价格便宜但发光效率不高且热稳定性差的卤磷酸钙，俗称卤粉。1974年，荷兰飞利浦公司首先研制成功了能够发出人眼敏感的红、绿、蓝三色光的荧光粉——氧化钇（发红光）、多铝酸镁（发绿光）和多铝酸镁钡（发蓝光）。目前按比例混合的三基色荧光粉是现代节能灯的主要原料，它的发光效率高，约为白炽灯的5倍，可大大节省能源，这就是高效节能荧光灯的由来。

常见的荧光灯（如图）有：

①直管形荧光灯，适用于服装、百货、超级市场、食品、水

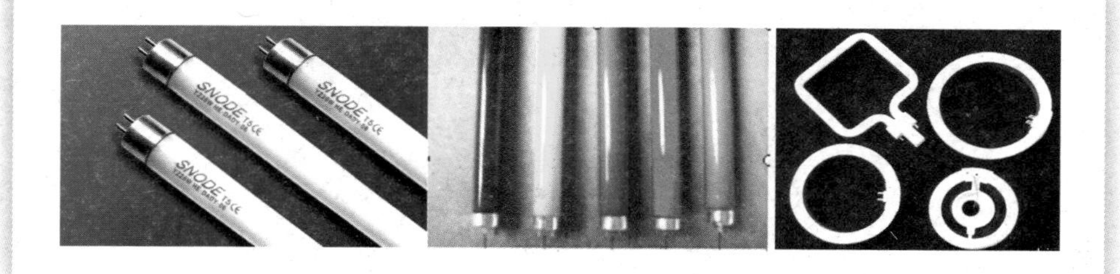

果、图片、展示窗等色彩绚丽的场合使用。

②彩色直管型荧光灯，适用于商店橱窗、广告或类似场所的装饰和色彩显示。

③环形荧光灯，主要提供给吸顶灯、吊灯等作配套光源，供家庭、商场等照明用。

④单端紧凑型节能荧光灯，即我们常叫的节能灯（如右图）。这种荧光灯的灯管、镇流器和灯头紧密地联成一体（镇流器放在灯头内），除了破坏性打击，无法把它们拆卸，故被称为“紧凑型”荧光灯。由于无须外加镇流器，驱动电路也在镇流器内，故这种荧光灯也是自镇流荧光灯和内启动荧光灯。整个灯通过灯头直接与供电网连接，可方便地直接取代白炽灯。

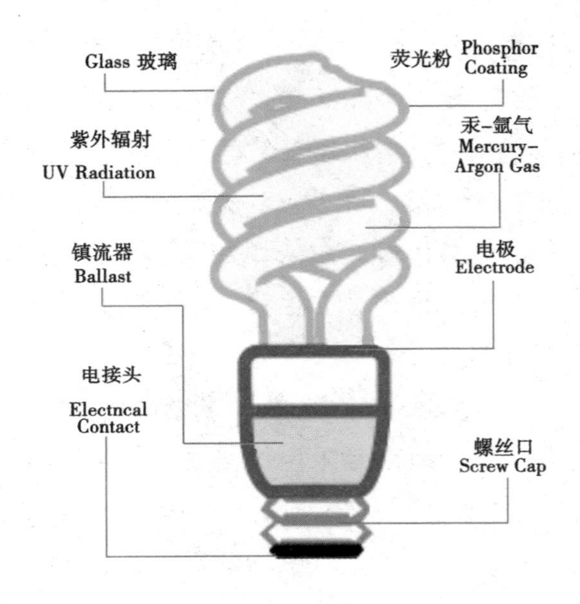

LED半导体照明

LED是英文Light Emitting Diode（发光二极管）的缩写，它的基本结构是一块电致发光的半导体材料，置于一个有引线的

架子上，然后四周用环氧树脂密封，起到保护内部芯线的作用，所以LED的抗震性能好。

发光二极管的核心部分是由P型半导体和N型半导体组成的PN结晶片(在太阳能部分介绍过)。在某些半导体材料的PN结中，注入的少数载流子与多数载流子复合时会把多余的能量以光的形式

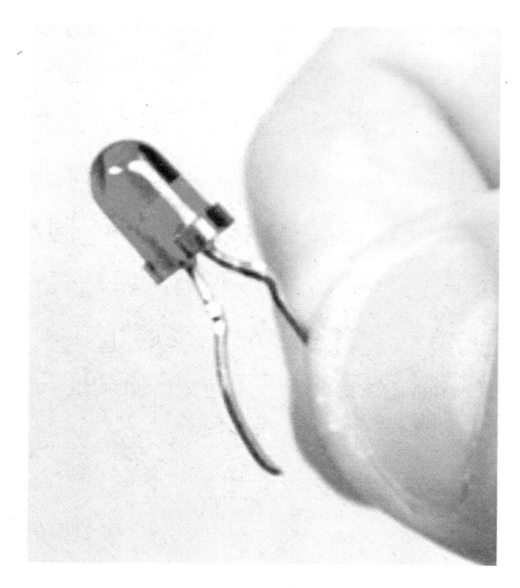

LED半导体灯

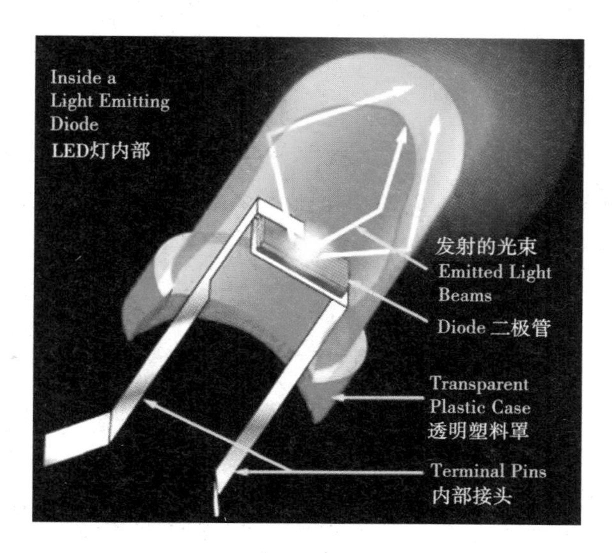

释放出来，从而把电能直接转换为光能。PN结加反向电压，少数载流子难以注入，故不发光。这种利用注入式电致发光原理制作的二极管叫发光二极管，通称LED。当它处于正向工作状态时（即两端加上正向电压），电流从LED阳极流向阴极时，半导体晶体就发出从紫外到红外不同颜色的光线，光的强弱与电流有关。它虽然光度不强，但是耗电量却只有传统灯泡的十分之一，使用寿命则是传统灯泡的100倍以上。科学家们现在正利用光的蓝绿红三原色，以精确调配出照明的白色光系。

介绍了关于灯的节能技术我们还不能盲目地选择节能灯，还是要依据实际情况来看。

4 如何实现照明节能

要实现照明节能的第一步就要科学选用电光源。当然照明用的灯不止我们介绍的三种，还有其他各种用途的灯。

一般情况下，高压钠灯发光效率是白炽灯的8～10倍，寿命长、特性稳定、光通维持率高，适用于在亮度要求不高的道路、广场、码头和室内高大的厂房和仓库等场所照明。金属卤化物灯，具有光效高、显色性好、功率大的特点，适用于剧院、总装车间、球场等大面积照明场所（如下图）。荧光灯比白炽灯节电70％，适用于在办公室、宿舍及顶棚高度低于5米的车间等室内照明。紧凑型荧光灯发光效率比普通荧光灯高5％，

细管型荧光灯比普通荧光灯节电10％，因此，紧凑型和细管型荧光灯是当今“绿色照明工程”实施方案中推出的高效节能电光源，适合于大多数的家庭和办公室照明。

用于运动场的金属卤化物灯

在开、闭频繁、面积小、照明要求低的情况下，可采用白炽灯。双螺旋灯丝型白炽灯比单螺旋灯丝型白炽灯光通量增加10％，可根据需要优先选用。

其次要合理选择照明灯具。在各类灯具中，荧光灯主要用于室内照明，汞灯和钠灯用于室外照明，也可将两者装在一起作混光照明，光效高、耗电少、光色逼真、协调、视觉舒适。

选择照明强度是照明设计的重要问题。一般来说，卫生间的照明每平方米2瓦就可以了；餐厅和厨房每平方米4瓦，而书房和客厅要大些，每平方米需8瓦；在写字台和床头柜上的台灯可用15至60瓦的灯泡，最好不要超过60瓦。

另外，充分利用自然光，正确选择自然采光，也能改善工作环境，使人感到舒适，有利于健康。充分利用室内照射光面的

反射性，也能有效地提高光的利用率，如白色墙面的反射系数可达70％～80％，同样能起到节电的作用。

5 选择变频空调的理由

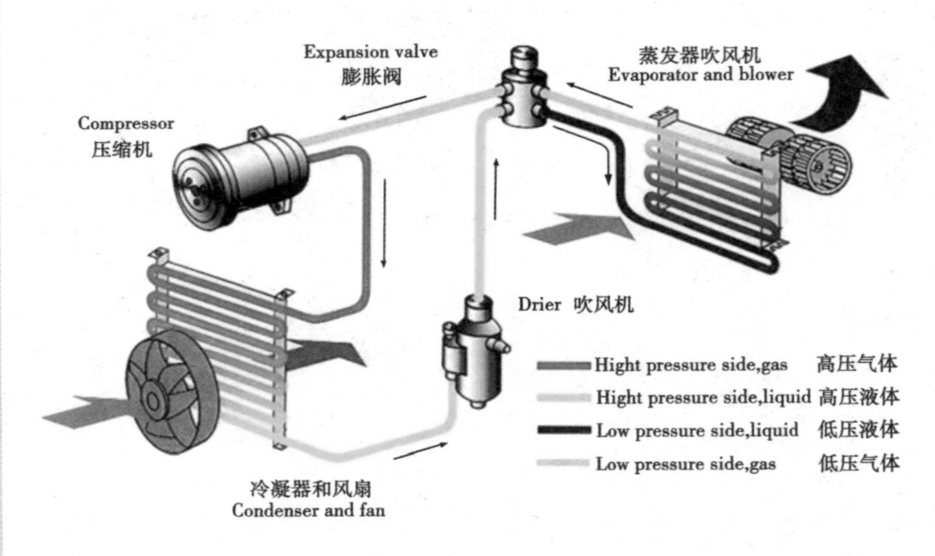

空调运行基本原理图

空调工作原理

空调通电后，制冷系统内制冷剂的低压蒸气被压缩机吸入并压缩为高压蒸气后排至冷凝器。同时风扇吸入的室外空气流经冷凝器，带走制冷剂放出的热量，使高压制冷剂蒸气凝结为高压液体。高压液体经过过滤器、节流机构后喷入蒸发器，并在

相应的低压下蒸发，吸取周围的热量。同时风扇使空气不断进入蒸发器的肋片间进行热交换，并将放热后变冷的空气送向室内。如此室内空气不断循环流动，达到降温的目的。

空调的核心——压缩机

一台压缩机可以占到整台空调成本的30%～40%，制冷系统的好坏也与压缩机有着最密切的关系，一台好的压缩机，在使用寿命、噪音、能效比方面均会有更佳表现。

压缩机分类：

①根据工作原理的不同，可分为定排量压缩机和变排量压缩

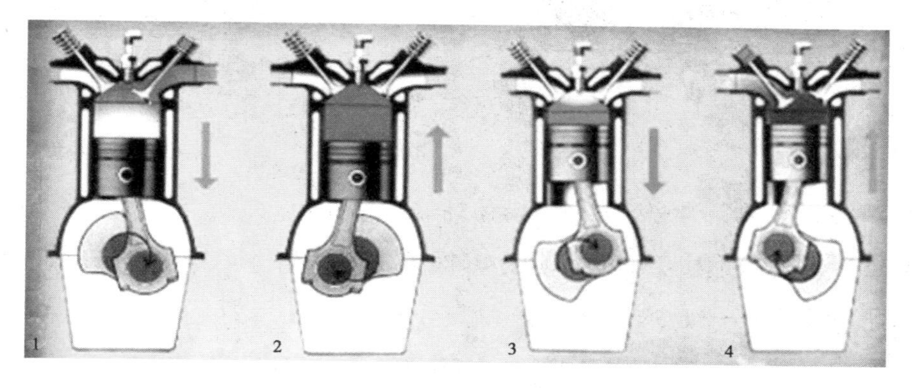

制冷压缩机工作：
1.从蒸发器中吸入蒸气，以保证蒸发器内一定的蒸发压力；
2.提高压力(压缩)，以创造在较高温度下冷凝的条件；
3.输送制冷剂，使制冷剂完成制冷循环。

机。

②根据工作方式的不同，可分为两大类——容积型与速度型。

容积型又分往复式压缩机和回转式压缩机(涡旋式、螺杆式)。

涡旋式压缩机

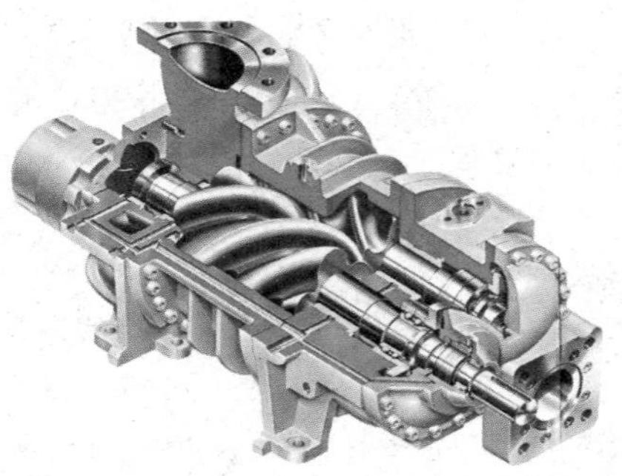

螺杆式压缩机

速度型又分离心式(常用)和轴流式压缩机。

影响压缩机工作效率的因素很多，如润滑性、绝热性等，在压缩机工艺一定的情况下，对其效率影响最大的是带动其运行的电动机。变频技术未出现之前，交流感应电动机是主流。我国民用电的频率固定为50 Hz，电动机带动空调压缩机的转速是固定的，被称为“空调机血液”的冷媒（氟利昂）的循环是恒量的。在一定时间内冷媒的循环量越大，空调机的输出功率就越高。也就是说，压缩机的转速决定了空调机的输出功率。

变频空调

变频是相对于传统的定速空调而言的。“变频”通俗地讲就是改变输入电流的频率，通过变频输入电频率来改变压缩机的转速。变频空调能根据当前室内温度自行改变其工作频率，当室温达到设定温度后，它不会像定速空调器那样停止运行，而会以较低的频率运转，以维持设定温度。

变频空调分交流变频空调和直流变频空调。交流变频空调的原理是采用交流变频压缩机，其特别的设计可以在较大范围内通过改变电源的频率和电压来改变电机的转速。相对于定速空调而言，交流变频空调的效率比较高，噪音较低，控制灵敏，且能明显节约能源。另一种直流变频技术其实称为“直流变速技术”更为合适。直流电的两个电极的极性是固定不变的，电流只有一个流向，不会发生交变，所以没有所谓“频率”。其采用的是数字直流调速技术，其效率高噪音低。直流变频压缩机效率更比交流变频压缩机高10%~30%，噪音低5~10分贝。目前，市场上的中高端变频空调，尤其是日资品牌大多采用的是更为先进的直流变频技术。

变频空调实现节能

变频空调之所以能够实现节能效果，主要有如下几个原因：

首先，传统定速空调在达到预先设定的温度（误差为正负两度）后，压缩机就停止工作。当室温与设定温度相差较大时，压缩机重新启动。这样，在持续工作过程中，压缩机实际上是

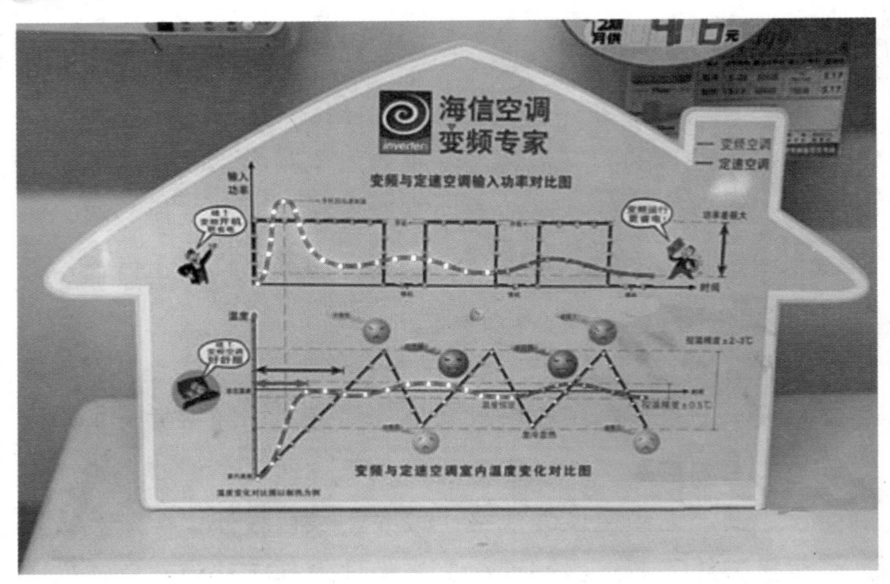

处于时开时关的状态。众所周知，电器在启动和关闭时耗电最多，而变频空调在达到预设温度（误差可控制在0.5度之内）后，还将以低速不间断运行，并感知室内热量的微小变化，自行调整频率、转速，保持恒定的温度。因此，相比之下，变频空调省电甚多。

第二，传统定速空调每一次改变温度都是以恒定的满功率运行，当只需微调时则浪费功率颇多；而变频空调则是根据实际需要，自行改变运行功率，自然省下不少电费。

第三，变频空调在启动时效率很高，即所谓“高效开机”。在启动之初，额定功率为正1.5匹的变频空调甚至能达到1.8匹的输出能力，而传统定速空调的输出功率始终都是恒定的。相比之下，变频空调的启动高效而快速，也节约了不少能源。

第四，值得一提的是，直流变频空调的节能效果在交流变频空调的基础上更进了一步。这主要是高效数字直流变频压缩机摒弃了普通变频空调压缩机原有的“交流电压—直流电压—交流电压—变转速方式交流电机”的循环工作方式，采用先进的“交流电压—直流电压—变转速方式数字电机”控制技术，减少电流在工作中转变次数，使电能转化效率大大提高。直流变频压缩机效率比交流变频压缩机约高10%~30%。

据专家粗略估算，交流变频空调大约能省电25%~30%，而直流变频空调则可达30%~40%以上，甚至可以接近50%。如果将空调的平均效率提高10%，每年就可节省3.7 GW（$1GW=10^9W$）的发

市面上的变频空调

电量，为国家节约16亿元人民币；而如果将全国在用空调全部换成变频空调则空调的平均能效至少可提高30%，每年可为国家节约48亿元人民币。所以，选购变频空调为家庭节能的同时，更是为我们整个国家节约了下了大量的能源，变频空调将是空调发展的必然趋势。

6 电器节能总动员

家用电器数不胜数，洗衣机、空调、微波炉、电磁炉、电脑、电视、电冰箱，再别说林林总总的小家电，取暖器、电风扇、电水壶、电熨斗……那么它们如何发挥节能的作用呢？

选购节能家用电器

根据能耗，国家推出了家用电器有关标准，标准规定把空调、电冰箱、洗衣机分成1、2、3、4、5五个等级。其中1级表示产品达到国际先进水平，最节电；5级表示耗能高，是市场准入指标，低于该等级要求的产品不允许生产和销售。此外，我国的燃气热水器也按能效分三等级，其中1级能效最高，热效率值不低于96％；2级热效率值不低于88％；3级能效最低，热效率值不低于84％，并以此作为燃气热水器的入门门槛。在相应的产品上我们可以一目了然看到该商品的等级，即“能效标识”（如下页图）。我们应尽量选用能耗低的产品。

各种家电节能技巧

空调省电技巧：

一、设定温度适当。温度每高 2 ℃，就可节电20％，一般在27 ℃~28 ℃之间即可。

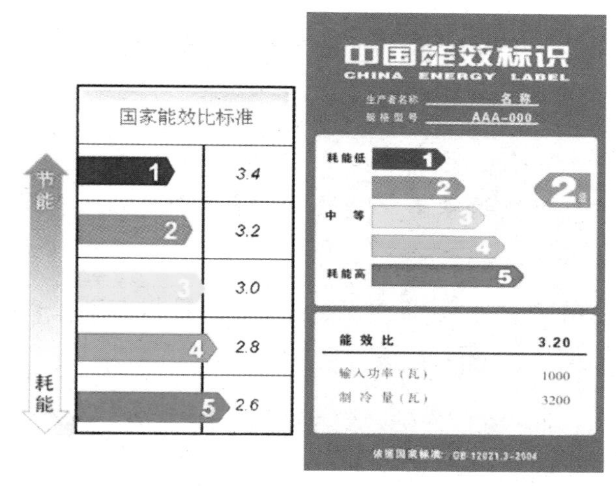

中国能效标识

二、过滤网要常清洗。太多的灰尘会塞住网孔，使空调加倍费力。

三、做好室内的密封工作。

四、选择制冷功率适中的空调。制冷功率不足，空调耗电不说，还有损空调寿命。制冷功率过大，就会使空调的恒温器过于频繁地开关，导致对空调压缩机的磨损加大，且耗能。

五、避免阳光直射。在夏季，遮住日光的直射，可节电约5％。

六、空调制冷时，导风板的位置调置为水平方向，制冷的效果会更好。

七、连接室内机和室外机的空调配管短且不弯曲，制冷效果好且不费电。

八、出风口保持顺畅。不要堆放大件家具阻挡散热，增加无谓耗电。能效比越高越节能。

冰箱节能技巧：

一、应选择节能冰箱，同普通冰箱相比，每台节能冰箱每年可省电100度。

二、冰箱应置于阴凉通风处，避免阳光直射,电冰箱顶部、两侧及背部要留适当的散热空间。

三、电冰箱内的食物要适量存放，留有冷气对流空隙。

四、不要把热的食品放进电冰箱内，防止温度急剧上升和蒸发器表面结霜增厚。准备食用的冷冻食物可提前在冷藏室里融化，可降低冷藏室温度。

五、要尽量减少开门次数和时间，防止冷空气逸散。

六、定期除霜和清除冷凝器表面积灰，保证冰箱吸热和散热性能,缩短压缩机工作时间。霜层厚度达到4~6毫米时，影响蒸发器表面的制冷能力，必须除霜。除霜后，每台冰箱每年可省电184度。

电视节能技巧：

一、选择适当尺寸的电视机。根据家庭人口的多少、房间大

小选择适当尺寸的电视机。大尺寸的电视机，耗电大，与空间不匹配也伤眼睛。

二、液晶比传统阴极射线管（CRT）电视省电。

三、控制电视屏幕的亮度。这也是节电的一个途径。

四、电视机不看时应拔掉电源插头。

五、不要将电视机音量调得过大。电视机音量过大用电多，每增加1瓦的音频功率就会增加3～4瓦的功耗，而且音量过大容易产生噪音。

六、不用时给电视机盖防尘罩。灰尘多，电视机就可能漏电，甚至还会影响图像和伴音质量。

洗衣机节能技巧：

滚筒洗衣机的耗电量最大，但其耗水量却最小。搅拌式与波轮式洗衣机的耗电量相近，但两者的耗水量却远大于滚筒洗衣机。对于全自动洗衣机而言，重要的是如何减少清洗用水。消费者完全可根据不同的需要选择不同的洗涤水位和清洗次数，从而达到节水目的。

电脑节能技巧：

不用电脑时以待机代替屏幕保护。如此每台台式机每年可省电6.3度，相应减排二氧化碳6千克；每台笔记本电脑每年可省电1.5度，相应减排二氧化碳1.4千克。用液晶屏幕代替CRT屏幕。同传统CRT屏幕相比，液晶屏幕大约节能50%，每台每年可节电约20度，相应减排二氧化碳19.2千克。调低屏幕亮度。调低亮度后，每台台式机每年可省电约30度，相应减排二氧化碳29千克；每台笔记本电脑每年可省电约15度，相应减排二氧化碳14.6千

克。电脑要经常保养。注意防尘、防潮，保持环境清洁，定期清洁屏幕，可以达到延长机器寿命和节电的双重效果。

电饭锅节能技巧：

电饭锅使用后一定要拔下电源插头，不然，锅内温度下降到70摄氏度以下时，会断断续续地自动通电。注意不要让脏物粘在铝锅底和电热板上，电热盘表面与锅底如有污渍，应擦拭干净或用细砂纸轻轻打磨干净，以免影响传感效率，浪费电能。此外，用开水煮饭也会比较省电。

微波炉节能技巧：

用微波炉加热食品之前，先用保鲜膜将装有食物的容器套好，这样食物中的水分不仅不会蒸发，保证了原有味道，而且加热时间也会明显缩短，省电效果很明显。

电器的节能技巧还有很多，我们不能一一罗列。这里再说一下关于待机。可以遥控的电视、空调，可以预约的热水器、电饭煲……智能化家电正逐步占据我们的厨房、客厅，它们在待机时所消耗的却是数十亿元人民币的巨大能源。据调查显示：在中国下班不关显示器和打印机每年待机能耗浪费近12亿千瓦时电能！全国以2 000万台电视机计算，每年待机浪费的电能达21亿千瓦时。待机能耗每年浪费的电能相当于整个三峡工程的发电量。面对这些惊人的数字，在这个提倡节能的社会中，我们应该做些什么呢？

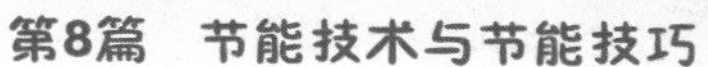

7 汽车及其节能

汽车如何构成？

汽车一般由发动机、底盘、车身和电气设备等四个基本部分组成。

汽车发动机：

发动机是汽车的动力装置。由机体，曲柄连杆机构，配气机构，冷却系，润滑系，燃料系和点火系(柴油机没有点火系)等组成。按燃料分发动机有汽油和柴油发动机两种；按工作方式分有二冲程和四冲程两种，一般发动机为四冲程发动机。

四冲程发动机的工作过程：四冲程发动机是活塞往复四个行程完成一个工作循环，包括进气、压缩、作功、排气四个过程。四冲程柴油机和汽油机一样经历进气、压缩、作功、排气的过程。但与汽油机的不同之处在于：汽油机是点燃，柴油机是压燃。

汽车的底盘：

底盘作用是支承、安装汽车发动机及其各部件，形成汽车的整体造型，并接受发动机的动力，使汽车产生运动，保证正常行驶。底盘由传动系、行驶系、转向系和制动系四部分组成。

电气设备：

汽车电气设备主要由蓄电池、发电机、调节器、启动机、点火系、仪表、照明装置、音响装置、雨刷器等组成。

①蓄电池：蓄电池的作用是供给启动机用电，在发动机启动或低速运转时向发动机点火系及其他用电设备供电。当发动机高速运转时发电机发电充足，蓄电池可以储存多余的电能。蓄电池上每个单电池都有正、负极柱。其识别方法为：正极柱上刻有“+”号，呈深褐色；负极柱上刻有“-”号，呈淡灰色。

②起动机：其作用是将电能转变成机械能，带动曲轴旋转，启动发动机。起动机使用时，应注意每次启动时间不得超过5秒，每次使用间隔不小于10~15秒，连续使用不得超过3次。若连续启动时间过长，将造成蓄电池大量放电和起动机线圈过热冒烟，极易损坏机件。

中国是世界第二大能源生产和消费国，人均占有能源远低于世界平均水平。2007年，中国消耗的能源折合20.65，同比增长7.8％。2007年中国原油产量为1.87亿吨，仅长了1.1％，近50％的原油需要进口。目前中国人均汽车数量不足世界平均水平的五分之一，随着汽车拥有量的快速增长，对石油的需求越来越大。中国汽车工业必须走节约、清洁、可持续发展的新道路。

从各个技术环节实现汽车节能

从汽车的结构易见，汽车的核心是发动机，当然节能也应首先提高发动机技术，以提高能量使用效率，减少无效消耗，不过，其他汽车零部件的节能也不能脱节。

丰田推出皇冠混合动力概念车

汽车零部件节能与整车节能是一个量变与质变的关系。如果多数零部件的节能水平都提高了，整车的节能水平自然就提高了。所以，除汽车动力技术的改进外，实现节能还可以通过改善燃油品质、使用润滑油添加剂，减少发动机和机械磨损造成的能量消耗，延长动力系统机械寿命来实现能效的提高。此外，还包括优化车用动力系统配置；运用新材料和新结构，使

汽车的“体重”变轻；采用环保材料，如利用纳米材料、防紫外线高性能塑料等以及汽车燃料多元化，如氢燃料、燃料电池、合成燃料、液化石油气、醇醚燃料为汽油和柴油“减负”。

目前，大家都非常关注新能源汽车。美国汽车巨头偏向于氢燃料电池车研发，日系汽车巨头则更重视混合动力汽车。所谓混合动力汽车，是指拥有两种不同动力源的汽车。这两种动力源在汽车不同的行驶状态（如起步、低中速、匀速，加速，高速，减速或者刹车等）下分别工作，或者一起工作，通过这种组合达到最少的燃油消耗和尾气排放，从而实现省油和环保的目的。

汽车使用的节能技巧

在汽车节能这一过程中，注重新能源汽车技术突破的同时，对于正在使用的传统汽车在节约方面的改进以及掌握节能技巧也同样重要。

油耗问题不是孤立的问题，它与整车性能息息相关。通过改善汽车动力系统、改变驾驶习惯、重视维护与保养都可以提高汽车的燃油经济性。车主应灵活地应用节油技巧，切不可一味追求省油。

1.使车保持在正常工作的状态

如果您的车出现明显的不稳定或尾气超标，请及时调试或维修，维修后的车辆会降低燃油消耗率。

2.定期检查更换空气滤清器

更换失效的空气滤清器可以减少燃油消耗。并且一个清洁的空气滤清器也可以更好地保护您的发动机。

3.保持轮胎气压处于正常范围

保持轮胎气压处于正常范围有助于提高燃油经济性。

4.将没有必要的物品从车上取下来

每增加45公斤的重量将使汽车的燃油消耗增加约2%。

5.避免粗暴驾驶

频繁的急加速与急刹车会严重影响车辆的燃油消耗。粗暴驾驶的单位燃油行驶里程，与高速公路行驶相比约减少33％，与城市公路行驶相比约减少5％。请您注意平稳驾驶并注意避开堵车路段。

6.注意车速

在经济时速90公里状态下行驶时，燃油经济性能提高约10％。

7.避免不必要的怠速状态

怠速状态会在不行驶的状态下消耗较多燃油，因此需要长时间等候时，请熄火等待。

8.高挡位行驶

在适当的速度条件下，选用高挡位行驶时，发动机转速将会降低，可以帮您节省燃油并减少发动机磨损。

8 办公室节能技巧

现代人一生中有超过1/3的时间在密闭的空间中度过，家庭、办公室、学校。节能从身边做起，让我们首先想到了家庭节能，因为家庭的节能可以体现在家庭的效益上，而办公室是所谓“公家”场所，往往被很多人忽视，但实际上办公室节能却不可小视。

办公设备使用节能技巧

1.选择合适的办公电脑配置。

例如，显示器的选择。

2.办公电脑屏保画面要简单、及时关闭显示器。

不要因为运行庞大复杂的屏幕保护而耗电。不用的时候直接关显示器比起任何屏幕保护都要省电。

3.办公电脑尽量选用硬盘。

要看DVD或者VCD，不要使用内置的光驱和软驱，可以先复制到硬盘上面来播放，因为光驱的高速转动将耗费大量的电能。

4.电脑关机拔插头。

关机之后，要将插头拔出，否则电脑会有约4.8瓦的能耗。

5.使用耳机听音乐，减少音箱耗电量。

在用电脑听音乐或者看影碟时，最好使用耳机，以减少音箱的耗电量。

6.打印机共享，节能效更高。

将打印机联网，办公室内共用一部打印机，可以减少设备闲置，提高效率，节约能源。

7.运用草稿模式，打印机省墨又节电。

在打印非正式文稿时，可将标准打印模式改为草稿打印机模式。这种方法省墨30%以上，同时可提高打印速度，节约电能。打印出来的文稿用于日常的校对或传阅绰绰有余。

8.复印打印用双面，边角余料巧利用。

复印、打印纸用双面，单面使用后的复印纸，可再利用空白面影印或裁剪为便条纸或草稿纸。

9.设立纸张回收箱。

设纸张回收箱，把可以再利用的纸张按大小不同分类放置，能用的一面朝同一方向，方便别人取用。注意复写纸、蜡纸、塑料等不要混入，还要注意不要混入订书钉等金属。

10.尽量使用再生纸。

公文用纸、名片、印刷物，尽可能使用再生纸，以减少环境污染。

11.推行电子政务。

尽量使用电子邮件代替纸类公文。倡导使用电子贺卡，减少部门间纸质贺卡的使用。如果全国机关/学校等都采用电子办公，每年可减少纸张消耗在100万吨以上，节省造纸消耗的100

多万吨标准煤，同时减少森林消耗。

办公室用电器的使用节能技巧

1.推广使用节能灯。

2.选用新型空调设备。在办公楼改造过程中，以全新的节能型号，代替陈旧的空调设备。

3.安装自控装置。在使用率低的区域（例如会议室），安装传感器，自动控制空调的开关。

4.清洁空调水系统。水系统清洗目的是为了保证冷冻水和冷却水的换热效率能够保持设计值状态，当冷冻水和冷却水的进回水温差偏离设计值时（通常为5 ℃），就要考虑水质是否存在问题。

5.减少使用纸杯。员工尽量使用自己的水杯，纸杯是给来客准备的。开会时，请本单位的与会人员自带水杯。

6.下班前20分钟关空调。办公室内的温度在空调关闭后将持续一段时间。下班前20分钟关闭空调，既不会影响室内人员工作，又可节约大量的电能。

7.空调不用时关闭电源。在空调关闭不使用的时候，要把插头拔掉，或者把插电板的电门关上。

8.水泵、风机及电梯等应用变频高速技术。变频高速技术是解决由于设计配置过大，造成电动机大马拉小车现象的节能措施。

9 中国的“节能”工程——奥运

青岛奥帆赛场的风能灯

2008年8月8日，北京奥运会让世界各国重新认识了中国。北京以实际行动兑现其对国际奥委会和全世界人民的庄重承诺，“绿色奥运”和“科技奥运”行动尤为出色。

在新能源利用和环境保护方面，北京奥运场馆建设者们动足了脑子。3 000多“水立方”气枕和新型LED柔性灯，每天就可节电上万千瓦时。“鸟巢”用电量达2万千瓦时，相当于1万户居民耗电量，奥运会和残奥会两者用电量超过上百万千瓦时，这些电力负荷除

美丽的官厅水库风力发电场

风光互补太阳能灯

太阳能路灯

华北电网提供外，20%来自非煤电力。离北京100公里外的官厅水库边，风力产生的电能源源不断地输送到“鸟巢”和“水立方”。

除风能发电外，奥运场馆内90%的草坪灯、路灯用电来自太阳能。国家体育场、国家体育馆、丰台垒球场等7个场馆，装备了太阳能并网光伏发电系统，总装机容量达500余千瓦，年发电量超过50万千瓦时。

奥运村内安装了大型太阳能集热板，这套系统将满足奥运会时运动员的生活用水。按照设计使用20年的标准计算，这套太阳能系统将节约18 324万千瓦时电，节省电费9 156万元。为了

满足奥运会期间所有入住人员随时能洗上热水澡，奥运村太阳能热水系统还设计了两个保护系统，为运动员洗澡安上了“双保险”。此外，北京奥运村还采用了风光互补太阳能灯，在大量节约用电的前提下，保证了奥运村的夜间照明。在奥运会期间，奥运村中使用的40万只黑色垃圾桶塑料袋、750万只放在运动员房内的白色塑料袋和20万只医用黄色塑料袋，都采用可降解材料制成。据专家预计，在北京奥运会期间，将产生10 000吨以上的垃圾，其中占4％即400吨不可回收的塑料垃圾。绿色生物降解塑料可在自然条件下被微生物分解，对环境不会造成负面影响，真正体现“绿色奥运”的理念。

北京是个缺水的城市，因此奥运场馆无一例外地将雨水和生活废水的收集利用纳入设计施工，在地下建蓄水池，将雨水收集处理，再用于冲厕、洗车、道路浇洒及绿化。大规模雨水

收集系统的广泛采用，使奥运场馆成为环保和节约的典范。最引人注目的鸟巢就建有先进的雨水收集系统，并用一个12 000立方米的集水池储存雨水。

北京公交公司的司乘人员在刚刚领到的锂离子电池纯电动客车前列队待发

另外，为确保奥运绿化工程景观效果，截至目前，整个奥运绿化项目已栽植乔木33万余株，灌木180万余株，地被植物410余公顷，整个奥运绿化建设的冬季施工面积共有50公顷。

近500辆奥运节能与新能源汽车交付使用，其中包括纯电动客车、混合动力轿车、燃料电池客车和纯电动场地车，在北京奥运会和残奥会期间进行示范运行。

中国与世界同步，正积极投入到新能源的开发利用和世界节能的行列中，为了我们美好的地球，请你们也参与进来吧！